U0070816

統一場論

Grand Unification TheorieS

（第五PLUS版）

胡萬炯　著

推薦序 1：大哉問——胡萬炯博士的勇氣與想像力

統一場論是大哉問，力圖以單一場論解釋解釋各種不同粒子之間的關係與基本交互作用，是今日物理學界研究的重點之一，偉大先驅者愛因斯坦窮盡後半生之力未竟全功，本書作者胡萬炯博士在繁忙的醫師工作之餘秉持勇氣與毅力挑戰這猶如物理學聖杯的一統理論，可見作者執著於探究宇宙本質的熱情與強烈企圖心。

在本書中胡萬炯博士陸續提出許多大膽而創新的見解，嘗試解釋重要未解的物理及數學理論，整合廣義相對論、電荷相對論和光張量，獲得宇宙場方程，據以推論宇宙的誕生和結束，也得到統一場論。引用愛因斯坦的一段話：「想像力比知識更重要。因為知識是有限的，而想像力無限，它包含了一切，推動著進步，是人類進化的源泉。」，本書所提出的許多獨到見解是非常有趣而吸引人的，所展現的創造力與想像力更讓人驚艷，作者嘗試以更寬廣視野連結諸多基本物理性質間的關聯與交互作用，相信能引起讀者好奇心，開啟另一方認識世間萬物本質的觀點，謹推薦此書。

國立高雄大學化學工程及材料工程學系教授

呂正傑

推薦序 2：值得一讀的好書

這本書由推導旋力出發，接著是熾力、電荷相對論、電強弱交互作用以及統一場論，內容相當精采。本書用盎魯霍金效應幫助解決了暗物質，螺旋星系的成因乃是基於電荷相對論，並提出光壓就是熾力就是暗能量，解決了二十一世紀物理學兩朵烏雲：暗物質與暗能量之謎。由於芝諾悖論，作者推論出時間和空間都有普朗克尺度的最小單位，推導出愛因斯坦的重力波其實就是作者提出的重旋力波，而重旋力波其實也就是電磁波光波，光波在真空中傳遞其實是透過普朗克尺度的簡諧振動來傳播，也就是說普朗克尺度就是光波傳遞所需的介質，這也解決了二十世紀物理學的烏雲：以太問題。作者詳細推導出宇宙的開始及未來，描述如何用暗能量光壓來解釋大霹靂與宇宙的暴漲，並推導宇宙未來可能因光壓而膨脹到近乎無限大而不會發生大撕裂或大擠壓。

作者並提出一個 4x4 四維時空的二階張量，將質量能量密度、光壓、電場、以及磁場納入此四維時空張量，這個張量統合了愛因斯坦的廣義相對論、法拉第張量、並包含馬克士威方程的精神，這是用張量來統一宇宙場論。另外，透過統合拉莫方程式以及史蒂芬方程式，作者得到一個統一重力場、旋力場、電場、磁場、以及熱力場的方程式，即為統一場方程式，使各力場之間可以互相轉換，完成愛因斯坦晚年未完成的志願。作者提出電荷相對論也就是電磁場是時空撓率，同時楊密場論的強弱力場也是撓率，因此可以用撓率統合電磁與強弱力的標準模型，而標準模型再與愛因斯坦廣義相對論重力場的曲率統合，即撓率與曲率的統合，用幾何的方式完成大統一場論。在此，我誠摯推薦這本好書給熱愛探究宇宙及大自然真理的好朋友，這是非常值得閱讀的一本書。

國立中山大學機械與機電工程學系教授

朱訓鵬

推薦序 3

在此推薦胡萬炯博士所著統一場論一書，胡博士用幾何的方法用嶄新的觀點將重力及電磁力場做一融合，以曲率張量描述重力場以及用撓率張量描述電磁場，最後再用幾何的方式統一曲率和撓率完成統一場論的工作，這是非常有意義的工作。另外胡博士參照電弱統一理論的方式，提出希格斯子和介子的交互作用以及強交互作用下膠子與希格斯子的交互作用機制，最後解決了中子和質子的質量來源問題，並對量子色動力學提出了新的觀點來完備量子色動力學，這些理論歡迎熱愛數學物理的朋友們來閱讀此書，相信會有不少收穫。

美國約翰霍普金斯大學數學博士

美國 Stonehill College 數學系教授暨系主任

蘇信豪

推薦序 4

我與胡醫師結識於中央研究院基因體研究中心，當時他在翁啟惠前院長實驗室擔任博士後研究員，從那時開始我對胡醫師就特別好奇及印象特別深刻。擁有台大醫學系學士及美國約翰霍普金斯大學博士學位等亮眼學歷的他，究竟是怎樣的一種動力，讓他選擇跟其所學背景或專業領域不甚相關且相對冷門的醣科學基礎？幾年的相處後，我心中的疑惑慢慢有了答案，原來胡醫師對基礎科學擁有高度的興趣，不只於物理、化學、數學等學門皆有廣博及深入的研究，對於繁複的免疫學更是著力頗深，胡醫學也非常樂於分享他在這些學門的獨到見解，常常在他的臉書中分享他的體悟及心得。瀏覽他的臉書是我增進物理學或免疫學功力的小秘密。往往非常複雜的事情，經過他的統整及陳述後，就變得平易近人了。我求學階段對於統一場論一直都是矇矇懂懂無法了解其重要性，一直到了看了胡醫師於書中對於統一場論提出的新見解，才逐漸有所領悟。

在這本統一場論裡，不僅統一場論的見解將對人類做出重要貢獻，對於物理及數學等重要的發現亦多有著墨，並賦予時間及空間新的定義。在新的第五版中更詳細解釋了中子和質子質量的完整由來，並透過電流及動量四向量詳細解釋為何電力及重力的傳播速度就是光速。這本書不僅非常適合基礎科學的專業人士閱讀，對於一般人而言也是窺探基礎科學不容錯過的好書。

前中央研究院基因體中心研究員
現任醣基生醫總經理
吳宗益

推薦序 5

很樂意推薦胡萬炯博士所著作的第五版《統一場論》一書，這本書含有非常多有趣且有見地的嶄新理論，對於目前科學界仍然未解的數學和物理難題而提出了他獨到的見解，相信這會引導科學界進行更深入的討論。書中提到的統一場方程式，將電場、磁場、重力場、旋力場、以及熱場統一在一個方程式中，意味著這些力場彼此之間能相互轉換，而且胡博士並用洛倫茲因子來對統一場方程式來做在運動狀態下的校正，這樣能把統一場方程式運用的情況更加延伸，使得這個方程式應用更為廣泛，相信讀者對他這些精采理論讀之會覺得津津有味。胡博士也用了一個 4x4 的四維時空矩陣納入質量能量密度、光壓、電場、以及磁場等，並說明了質量能量密度、光壓、電場、以及磁場各項對時間或空間造成的影響，這個四維時空架構比一般須要更高維度的超弦理論更合理而更真實。科學的進展不只需要嚴謹的理論架構及科學實證與觀察，也需要不受框架影響的開放探索心靈。誠摯並大力推薦這本書籍，尤其是對熱愛物理科學的讀者。

台北醫學大學 醫學工程學院院長暨教授

康峻宏

推薦序 6

與胡博士相識，是在中央研究院基因體中心的時候，胡博士研究興趣廣泛也包含物理及化學的理論科學研究。在物理化學中，原子核構成一直是原子物理化學關注的焦點，其中未解決的原子核問題，包含質子和中子的質量來源問題。質子和中子各自由三個夸克構成，但實際研究顯示，三個夸克加起來的質量是遠小於質子或中子本身的質量的。到底質子和中子的質量從何而來呢？胡博士在本書中提出一個新理論，他提到用希格斯機制來賦予膠子的質量，這像是把電弱理論推廣至強交互作用。透過希格斯機制的耦合以後，中性膠子和有色膠子分別獲得不同質量，有色膠子媒介夸克之間作用力而中性膠子媒介質子與中子間作用力，這個理論成功的解開了質子與中子質量來源之謎，相當精采，向大家推薦此書。

國立中興大學化學系副教授

韓政良

推薦序 7

極力推薦胡萬炯博士所著統一場論一書。當閱讀胡博士所著本書時，對他新穎的見地大感興趣，以新的理論與假設對以往的物理定律提出更新一層的見解，同時也提出了各項證明來佐證這新的觀點。他提出用 Stoney units 來把質量能量密度、光壓、電場、磁場全部寫到一個四維時空 4x4 二階張量裡面，其中質量能量密度和光壓為曲率為張量對稱部分，電場和磁場為撓率為張量反對稱部分，如此質量能量密度佔25%而光壓佔 75%與目前天文實驗觀測相符合，而光壓就是暗能量。質量能量密度造成空間收縮時間膨脹而光壓造成空間膨脹時間膨脹，由於我們的宇宙是暗能量（光壓）佔優勢，我們的宇宙將膨脹到近乎無限大，而這也意味著我們的宇宙是單一宇宙而非多重的平行宇宙。本書還有很多新穎有趣的觀點，的確值得各位對數理科學有興趣的讀者一讀。

前國家衛生研究院助研究員

現任藥騰有限公司執行長

柯屹又

五 PLUS 版序

今年十一月再出第五 PLUS 版，這次改版是增加 U(1)希格斯機制使質子和電子獲得質量並決定基本電荷，微分幾何與規範場論關係，地震與似雷射共振腔原理來增加最後急遽釋放的光波能量，廣義相對論規範場論及宇宙為 3-sphere 與高斯絕妙定理球曲率，光子反粒子可穩定存在推導，CP 對稱為何耦合，質量電荷及自旋相對論不變性成因，電子磁矩為何 g factor=2 推導，三代夸克質量比與 1/137 和 1/1836 之關係，以及更正重旋力馬克士威方程及更正重力波之簡諧運動波公式。本書主要完成於 2022 年 9 月紀念道爾頓、法拉第、以及楊振寧等大科學家，預計於 2022/11/8 出版用以紀念大科學家馬克士威爾與瑪莉居禮。而愛因斯坦於 1905 年奇蹟之年 11 月發表質能等價公式 $E=mc^2$，敝人要對這位統一場論創始人致以最高敬意。

胡萬炯 2022-09-1 AM

lukluk73_2006@yahoo.com.tw

五版序

睽違一年今年三月再出第五版，這次改版是將三代夸克、三代電子、以及三代微中子質量來源自 W/Z 玻色子提出交代。並且解釋為何質子或中子為何其中三個夸克需帶紅藍綠三種顏色，以及所帶電荷的關係。並重新更正強光一統作用中，膠子的質量問題（中性膠子與有色膠子質量不同），詳細解釋出中子和質子質量的完整由來。並且由電流四向量以及動量四向量來解釋為何電力和重力傳播速度釋光速。並將萬物理論四 PLUS 版中的數學物理部分重新納入統一場論五版。本書提出運動校正的統一場方程式：BxExAxS= γ πHc2，並解釋為何電與磁對時間與空間的影響不如重力，而光壓則造成時間空間膨脹。本書主要完成於 2022/3/14 紀念愛因斯坦以及史蒂芬霍金，預計於 2022/4/18 出版用以紀念大科學家愛因斯坦以及達爾文與居禮。尤其愛因斯坦是統一場論探求的先驅者，敝人要對其對真理的探尋以及洞見與努力致以最敬意。

胡萬炯 2022-03-14 AM

四 PLUS 版序

睽違一年今年五月再出第四 PLUS 版做最新補充，這次的新改版主要點是將正反物質的對稱觀念做進一步闡明，另外對楊密場論存在性問題與納維史托克方程光滑性問題都做了更詳細探討，原先四版的大架構不變故為四 PLUS 版，但新增的內容對數學物理的本質做了更深入了解。哥白尼是科學革命之父誕生於 1473 年，四百年後的 1873 年馬克士威著作統一了光電與磁，五百年後的 1973 年標準模型確立統一了強力弱力以及電磁力。1543 年哥白尼發表了《天體運行論》確立了日心說，百年後的 1643 年則是他的繼承大科學家牛頓的誕生年，而前一年的 1642 年則是伽利略的逝世年。1687 牛頓在著作《自然哲學的數學原理》闡明了萬有引力，百年後的 1787 年庫倫則提出電荷間同樣距離平方反比定律的靜電力公式。Maxwell is Light, ELectric Wave X(crossing) MAgnetism; Einstein is Energy INertia & Space-Time 的相對。誠如愛因斯坦名言：巧合是上帝保持匿名的方式，巧合常常不只是巧合而已。

胡萬炯 2021-03-14 PM

四版序

本書第三版獲得熱烈回響，再思考敝人統一場論四維時空矩陣以及電荷相對論是否也有與狹義和廣義相對論一樣與時間和空間有密切關連性，在這幾年的研究結果發表於此第四版，敝人淺見認為質量能量密度與時間膨脹密切相關而電場與時間收縮密切相關，輻射熱壓與空間膨脹密切相關而磁場與空間收縮密切相關。新版也提出了相對論效應的角度變化並據此提出相對角速度加成公式，而旋力與此相對論角度效應相關。本版用數學推導證明愛因斯坦的重力波即是敝人導出的旋力波。本版並修改了重旋力的麥克斯韋方程使它更合理，修正時空最小單位以及修正宇宙開始的數學物理模式，本版也藉由將楊密場論與撓率連結，解決 Yang-Mills existence and mass gap problem，更精確的描述了強弱力作用，並以幾何方式統一場論，預計於六月三十日出版以紀念狹義相對論發表日期，衷心期盼大家的回饋。

胡萬炯 2020-05-11 PM

lukluk73_2006@yahoo.com.tw

三版序

今天是圓周率日，同時也是大物理學家愛因斯坦的誕辰紀念日，敝人也於今晚完成了統一場論第三版的修訂，這次主要修訂內容重要性在於重力波推導、電荷相對論定義、以及提出綜合理想流體與法拉第張量的宇宙場方程式，新版預計在愛因斯坦發表狹義相對論的六月三十日出版，以向這位最先致力於統一場論的偉大先驅者致敬，最後以康乃爾大學的 Tim Joseph 所寫而原為陳之藩教授翻譯、敝人蠻欣賞的一首詩與大家共賞，嘗試更新翻譯如下：

統一場論　by Tim Joseph

當其始也，亞里斯多德出來，
靜者恆靜，
動者歸於靜，
不久之後，萬物俱靜，
上帝看了一下：這多無聊。

於是上帝創造了牛頓，
靜者恆靜，

而動者則恆動，

能量不滅、動量不滅、物質不滅，

上帝看了一下：這多保守。

於是上帝創造了愛因斯坦，

一切都是相對，

快者變短，

直者變彎，

宇宙中充滿了種種慣性系統，

上帝看了一下：廣義相對，

但其中有些特別的狹義相對。

於是上帝創造了波爾，

原理在此，

原理即是量子，

一切化為量子，

但是有些東西仍是相對，

上帝看了一下：這太亂了。

於是上帝將造——弗之孫，

弗之孫將要統一起來，

他將創出一種理論，

把所有萬物歸於統一，

但已是第七天了，

上帝休息了，

靜者終止於靜。

胡萬炯 2017-03-14 PM

lukluk73_2006@yahoo.com.tw

自序

這本書包含了重要未解的物理及數學理論。

旋力（Spinity）是一種力量拖動周圍時空跟著中央質量或角動量旋轉。靜止質量產生重力，旋轉質量產生旋力；靜止電荷產生電力，運動電荷產生磁力。光波是電磁波也是重力波。空間具有最小單位，而時間是由光來決定。時間乃源於單位空間的簡諧振動周期，而光的頻率會影響單位空間振動頻率而決定時間。熾力（Lightity）是暗能量即光壓。光子從星系發出透過光壓使宇宙加速膨脹。廣義相對論表明質量引起時空曲率（Curvature）；電荷相對論（Charge relativity）表明電荷引起時空撓率（Torsion）（漩渦）。沒有暗物質，漩渦狀螺旋星系形成乃由於電荷相對論，此理論可取代量子電動力學。整合廣義相對論，電荷相對論和光張量，我們得到宇宙場方程。我們還可以推導宇宙的誕生和結束。統一場論也可以得到。

在數學方面，我建議強力（膠子）-光子（電磁）-希格斯子交互作用以解釋中子與質子質量的來源（膠子如何獲得質量）另外也對 Navier-Stoke 方程 Euler 方程與渦流成因提出解釋。此書提出相當重要的物理及數學發現，解決了二十一世紀物理學兩大烏雲：暗物質及暗能量，並再度賦予時間和空間新的定義，是不容錯過的好書。而統一場論的提出也將為世界人類做出重大貢獻。

胡萬炯

※作者胡萬炯又名胡萬重（1973 年生），是醫學博士 MD（國立台灣大學）及哲學博士 PhD（約翰霍普金斯大學）。

目錄

壹、統一場論物理篇

一、萬有旋力（Universal spinity）

宇宙旋力（Spinity in universe）

慣性拖曳力是一種新發現的力量。在這裡，我重命名此力「旋力」或「spinity or spinism」，因為這種力量是由旋轉質量產生。我建議：「靜止質量產生重力，旋轉質量產生旋力；靜止電荷產生庫倫靜電力，旋轉和運動電荷產生磁力」。Drs. Lense 和 Thirring 使用廣義相對論得出了慣性拖曳效應[1]。諾貝爾獎得主 Dr. Landau 也用廣義相對論繞中央旋轉質量來公轉的物體的拉格朗日[2]。然而，這些教授沒有指出該拖曳實際上是與重力有密切關係的新的基本力量。我建議把這個新的力量稱為「旋力」，因為「旋轉」是這股力量的來源。旋轉質量可以拖動附近的空間-時間給周圍質量轉動，所以它實際上可以根據廣義相對論的基本概念推導。以下是 Landau 教授從廣義相對論的推導摘要：

$$\text{Vector g} = \left(\frac{2G}{c^3}\right)\frac{Jxr'}{r^2}$$

（J：中央質量的角動量，r' = 單位向量，向量 g 的方向 = JXr'，向量 g 是旋力場）

拉格朗日

$$L = -mc * \frac{ds}{dt} = L_0 + L'$$

$$L' = mc * g * V = \left(\frac{2G}{c^2}\right)\frac{mJ}{r^3} * V * r$$

$$V = r * \omega$$

因此

$$L' = \left(\frac{2G}{c^2}\right)\frac{mJ\omega}{r}$$

（W = 周圍質量軌道運行的角速度）

L' = F * R

這樣

$$F = \left(\frac{2G}{c^2}\right)\frac{mJ \times r' * \omega}{r^2} = \left(\frac{2G}{c^2}\right)\frac{mJV}{r^3} = \frac{SJj}{r^4}$$

（S = 2G / C^2 = 旋力常數，J = 中央質量自旋或軌道角動量，j = 周邊質量軌道角動量，r = 中央質量與周圍質量質心之間的距離 r' 是單位矢量，力的方向 = 單位矢量乘以中心角動量方向，旋力也是平方反比定律（於 N 維空間中，力/強度成反比到 N-1）中，V 是標量速度，角速度 ω 也是一個標量）。考慮軌道物體和中央質量的赤道平面的夾角 θ，我們應該用

ωcosθ 更換 ω。

我怎麼知道這個公式是正確的？我們可以通過計算月球正在遠離我們的地球實際上確認。通過雷射測量我們的月亮每年以3.8厘米離開地球。當前潮汐力理論不能正確計算出此3.8 厘米。我認為月球逐漸遠離地球，是由於地球旋力的效果。因為地球旋力正在加速月亮軌道，使其逐漸遠離。我們可以使用下面的值：（S = 2G / C ^ 2 = 1.48 * 10 ^ - 27，地球質量 = 5.9736 * 10 ^ 24 千克，地球半徑 = 6378 公里，地球旋轉角速度 = π / 43200（弧度/秒），月球軌道週期 = 27.5 天，夾角 θ = 20°（COSθ = 0.94），月球距地球的距離是 384399 公里）。之後我們得到的加速度，我們可以通過使用 S' = 1 / 2aT ^ 2（T = 31536000sec = 1 年）計算移動距離。由於圓周和半徑有關係（S' = 2π * R'），所以 R' = S' / 2π。如果地球的自旋角動量實際上是 RMV（推導在後面的章節），那麼我們得到的值 3.3 厘米非常接近觀察的 3.8 厘米。因此，旋力公式是正確的：

$$GMm / R^2 = mRW^2,$$

$$SJmW / R^2 = ma$$

上述公式不違背開普勒第三行星運動定律 R^3 / T^2 = 常數。由於行星軌道運行向心引力平衡離心力。這是因為旋力不提供向心力，但它提供力以維持行星在軌道上的公轉。旋力可以解決許多現象在宇宙中觀察到的現象。旋力可以幫助解釋螺旋星系共同旋轉的結構。它可很好地解釋為何行星環形成在巨大的太陽系行星如土星或木星的旋轉平面。這也可以解釋為什麼我們的太陽系八大行星在同一方向，同一平面上圍繞太陽。因此旋力能解釋太陽系似八行星互繞的現象。這也可以解釋為什麼在我們的太陽系中衛星除了海王星的海衛一都是同一方向在同一平面繞行星公轉。天王星有 90 度軸傾斜的特性，而它的環和衛星仍然在天王星轉動的赤道平面。據推測，曾有小行星或彗星撞擊天王星，造成其軸線傾斜。旋力可以把天王星的環和衛星帶來新的赤道平面。此皆為重力無法解釋的現象。另外，相對角速度是重要的，若衛星軌道轉動角速度大於行星自轉角速度，旋轉中心的小物體的軌道角速度將不斷被降低。例如，火星的衛星-火衛一減速約每世紀 1.8 米。

星雲理論是太陽系形成的主導理論。然而，它面臨一個懸而未決的角動量轉移難題，土星和木星在太陽系中有最大的角動量，而太陽本身只有 2%的角動量。旋力會導致太陽的角動量轉移給周圍的行星因此解決角動量轉移難題。開普勒第二定律指出太陽系沒有外力矩，此因我們的太陽現在轉動緩慢而它的旋力可能遠小於太陽系的初始形成過程。重力總是吸引更小的物體墜向中心，如果只有重力存在，它無法解釋圍繞中心天體的旋轉行為。即使繞太陽旋轉的行星旋力減小為比重力小得多，行星仍然由於慣性繞太陽旋轉。因為太陽產生的旋力真的很小，開普勒行星運動第二定律在我們的太陽系是有效的。而且，重力可以防止行星逃逸太陽系。然而，整個行星運動方程應該是：

$$\frac{GMm}{r^2}+\frac{SJm\omega}{r^2}=\mathrm{mr}\omega^2$$

我們可以看到這個等式是一個橢圓形的公式，符合我們的太陽系。如果我們希望行星在一個穩定的軌道上運行，就不是一個簡單的正圓，平方反比定律是唯一兩種可能之一。（伯特蘭 Bertrand 定理 F（R）= -K / $R^{3-\beta^2}$，β = 1 或 2）。因此，行星的運動是橢圓路徑。然而，由於太陽旋力小，在我們太陽系中的行星運動軌跡為近圓形。

開普勒第二定律需要檢討，其說明相等時間內行星掃過的面積相等。

$$\mathrm{dA}=\frac{1}{2}rxds=\frac{1}{2}\mathrm{r}\times\mathrm{vdt}$$

$$\frac{dA}{dt}=\frac{1}{2m}(r\times mv)=\frac{1}{2m}L$$

開普勒第二定律只有在近日點和遠日點(橢圓長軸兩端) r x v 為定值時才能使用。而行星加速度為：

$$a = (\ddot{r} - r\ddot{\theta}^2)r' + (r\ddot{\theta} + 2\dot{r}\dot{\theta})\theta'$$

其中第一項為徑向加速度也就是重力加速度，而第二項為切向加速度。而

$$\frac{dL}{dt} = \text{mr}(r\ddot{\theta} + 2\dot{r}\dot{\theta})$$

行星只有在近日點及遠日點時切向加速度為零，角動量沒有變化。在其他點角動量並非常數，也就是有旋力作用力矩。

此外，旋力可以解釋為什麼可以形成原行星盤。一旦像太陽的原恆星形成，並開始旋轉以抵消向內的重力。原恆星的旋力可能會導致其他的星際氣體和岩石圍繞它旋轉。因此，原行星盤形成行星。

旋力可以解釋為什麼大型的行星在其赤道平面，如土星，木星，天王星和海王星的行星環。行星環不能依靠重力來解釋。旋力可以幫助解釋水星進動，金星歲差，地球進動，和人造衛星進動。旋力可以在同一方向作為我們的太陽解釋為什麼大多數的行星在太陽系自旋與公轉和太陽的自旋方向相同。此因當太陽與行星在相反方向旋轉，太陽旋力和行星旋力是相抵消的。因此，大多數行星除金星外均旋轉在相同的方向上，中央質量和外圍軌道質量的角速度將傾向於最終是相同的。旋力實際上是由於中央旋轉質量引起的時空

拖動效果。旋力可以解釋為什麼地球的旋轉速度正在下降，因為地球旋力以角動量傳遞給我們的月球。旋力可以解釋為什麼逆行衛星較難比順行衛星維持，因為逆行衛星需要克服地球的旋力。飛機航班從美國到日本需要更長的時間比航班從日本到美國，因為逆行的飛行需要克服地球的旋力。有人認為，這是由於一個名為「噴射流」的空氣流動持續從赤道西向東流動。但是，若有噴射流的形成實際上就是由於地球的旋力。旋力可以解釋為什麼自由下落的物體往往會偏向東，因為地球有一個西向東的旋力。

有人曾問牛頓：「為什麼地球上可以繞太陽公轉？」如果只有引力，那麼所有的行星將墜向太陽。牛頓不知道答案。他說，這是上帝的第一推動力，讓行星繞太陽運動。如果旋力是正確的，那麼它可以完美地解釋行星的運動。旋力會讓行星開始繞行太陽。此外，它可以加快在該軌道上的行星以增加其迴轉速度和後續的離心力。當地球上的離心力是強大到足以平衡太陽的引力，那麼地球能維持一個恆定的運動速度均勻的狀態。旋力是廣義相對論的必然結果。因此，許多現象如水星進動是可以解釋的。旋力也可以解釋飛掠衛星異常的原因，如先鋒號異常現象，因為旋力提供動力，加速這些航天器的動力。旋力也可解釋火衛一的減速問題。當太陽以 SJ/r^2 的旋力場施與八大行星，行星們則因作用力反作用力原理給太陽一個相反的旋力場 Sj/r^2 使得太陽自轉減慢，解釋了太陽系的角動量轉移。同理也可用旋力說明月球反旋力場將導致地球自轉減慢。

另外有關線性拖曳效果。這種效果是由於線性動量，而我把這種新的力量稱為冲力或衝力 Impelity。線性拖曳也是廣義相對論的結果，愛因斯坦預測了它的存在。但我們若考慮作用力反作用力原理以及兩同向線動量之叉積為零，則衝力效應可能存在但衝力不存在，相對於旋力存在之證據，衝力存在的證據小很多。如果我們把旋力和冲力合在一起，我們可以稱之為迴力（momentity）。這個名字是從角「動量」和線性「動量」衍生出來的。這是由於移動質量的狹義相對論效應。旋力場可以想成是繞著直徑旋轉圓所構成的旋轉拋物球面。

■參考資料

1. B. Mashhoon, F. W. Hehl, and D. S. Thesis, General Relativity and Gravitation 16, 711（1984）
2. L.D. Landau and E.M. Lifshitz, The Classical Theory of Fields（1975）

二、重旋力麥克斯韋方程式

（Gravitospinism Maxwell equations）

重旋力場似具有與電磁力場相同的特性。在經典電磁學，麥克斯韋方程組發揮了中心作用。麥克斯韋方程清楚地指出電場和磁場之間的關係。我會檢查是否重力場和旋力場也有同麥克斯韋方程組一樣的關係式。首先，我們需要定義什麼是旋力場？

旋力場：

$$s = \frac{SJxr'}{r^2}$$

旋力場的方向是中心質量的角動量乘以半徑單位向量的方向。

旋力：

$$F = \frac{SJm\omega}{r^2} = ms\omega$$

通過定義，我們可以有一個洛倫茲力般式：

$$F = m(g + s\omega)$$

從標量勢 E 和矢勢 A，我們可以給出洛倫茲力般的公式：

$$F = m(Eg + 2V \times Bg)$$

$$F = m\left(-\nabla\varphi - \frac{dA}{dt} + 2V \times curlA\right)$$

（V = 軌道質量為 m 的線速度）

比較兩個公式，我們可以設：

$$g = -\nabla\varphi$$

$$s = Curl\ (2A) = Curl\ A'$$

其中常數 2 將於後節重力波推導時證明。

我們可以用這兩個定義導出可能的重旋力麥克斯韋方程一樣：

首先，重力高斯定律：

$$Div\ g = -4\pi G\rho$$

（G = 重力常數 ρ = 質量密度）

該第一方程先前已有許多研究。這裡不提供細節。

第二，旋力高斯定律：

$$Div\ s = 0$$

磁高斯定律是零（div B = 0）是因為沒有磁單極子。然而，對於旋力高斯定律的是零（div s = 0）的原因乃是沒有單極旋力和磁力一樣只是僅僅一個運動效果：

我們也可以推導如下(旋度的散度為零)：

$$\text{Div s} = Div(curl\ A')$$
$$= 0$$

第三，重旋力法拉第定律：

$$\text{Curl g} = \text{Curl}\ (-\nabla\varphi)$$
$$= 0$$

梯度的旋度為零。

第四，重旋力安培定律：

$$\mathrm{Curl(Curl\ A)} = \left(\frac{4\pi G}{c^2}\right)\mathrm{J} - \left(\frac{1}{c^2}\right)\frac{dg}{dt}$$

$$\mathrm{Curl\ s} = \mathrm{Curl\ (Curl\ A')} = 2 \times [\left(\frac{4\pi G}{c^2}\right)\mathrm{J} - (1/c\hat{}2)\ \ dg/dt]$$

（令 S = μ / 2π，J = 質量流密度， ε = 1 / μC^2 且躍度 Jerk(j)=dg/dt ）

它是基於連續性方程式(後面推導)

若把上式兩倍因子去掉且設 u/2π=2G/c^2，可類比安培定律，旋力場旋度公式也可說明質量連續性方程式成立：

$$\mathrm{Curl\ s} = \mathrm{Curl\ (2\ Curl\ A)} = 2\mu\left[J - \epsilon\frac{dg}{dt}\right]$$

類比於冷次定律，旋力場旋度與重力場導數應有負號關係來滿足能量守恆，而且負號才可導出正確重旋力波方程式。且旋力場旋度公式一正一負才符合連續方程式，此因重力場散度有負號。推導如下：

$$\frac{\partial\rho}{\partial t} + \nabla\cdot J = 0$$

$$\mathrm{Div\ g} = -\frac{\rho}{\epsilon}$$

$$\mu\nabla\cdot J-\mu\varepsilon\frac{\partial(\nabla\cdot g)}{\partial t}=0$$

$$\text{Curl s}=2\mu\left[J-\epsilon\frac{dg}{dt}\right]$$

從上面的推導，重力旋度為零所以為保守力純梯度場以及旋力散度為零而為旋度場。

$$g=-\nabla\varphi$$

$$s=Curl\ (2A)=Curl\ A'$$

所以

$$\nabla^2A'=-2\mu J$$

$$A'=\frac{\mu}{\pi}\int J\,d^3r'$$

$$A'=\frac{4G}{c^2}\int\frac{\frac{1}{2}RMV}{|r-r'|}d^3r'=\frac{2G}{c^2}\int\frac{RMV}{|r-r'|}d^3r'$$

(1/2RMV 為二維圓盤平面似磁矩的角動量)

$$\text{s}=\left(\frac{2G}{c^2}\right)\frac{L}{r^2}=\left(\frac{\mu}{2\pi}\right)\frac{L}{r^2}$$

我們可以知道重旋力有和麥克斯韋方程一樣美麗的線性形式。因此，線性重旋力麥克斯韋方程為：

$$\text{F}=\text{m}(g+s\omega)$$

$$\text{Div g} = -\frac{\rho}{\epsilon}$$

$$\text{Div s} = 0$$

$$\text{Curl g} = 0$$

$$\text{Curl s} = 2\mu\left[J - \epsilon\frac{dg}{dt}\right]$$

電磁波 Div E=0 故需要 Div g 的不為零提供電磁波的起源。

而類似於波印廷定理：

$$\nabla \cdot S = -\frac{\partial u}{\partial t} - J \cdot g$$

$$\text{Curl s} = 2\mu\left[J - \epsilon\frac{dg}{dt}\right]$$

$$s' = \frac{s}{2\mu}$$

$$\text{Curl s}' = J - \epsilon\frac{dg}{dt} = J - \frac{dD}{dt}$$

$$\nabla \cdot g \times s' = s' \cdot \nabla \times g - g \cdot \nabla \times s' = -g \cdot \nabla \times s'$$

$$= -g \cdot J + g \cdot \frac{dD}{dt}$$

$$S = g \times s' = \frac{g \times s}{2\mu} = -\frac{s \times g}{2\mu}$$

$$\frac{\partial u}{\partial t} = -g \cdot \frac{dD}{dt}$$

$$u = -\frac{1}{2} g \cdot D = -\frac{g^2}{8\pi G}$$

此時我們可看到旋力場不供質量能量密度。因為重力場旋度為零沒有相應電磁的法拉第定律，磁能量密度：

$$u_B = \frac{1}{2} L I^2$$

重旋力沒有相應的 inductance (L)，也因此旋力場不供質量能量密度。在此敝人也要推導重力波：

$$E = -\frac{g^2}{8\pi G} = \frac{hf/_{2r}}{4\pi r^2}$$

得：

$$g = -l_p \omega^2$$

而類比電磁，重旋力波印廷向量除以光速單位似表面張力(Surface stress)或 radiance exposure。

三、關於引力波（About gravitational wave）

麥克斯韋使用電場和磁場的傳播來導出電磁波：光。光是電磁場交互作用產生。由於還有重力場和旋力場之間可能的互動，我很好奇是否也有重旋波。愛因斯坦也曾推導出引力波。我將在這裡討論這個問題。

重力場：

$$g = \frac{GM}{r^2} r'$$

旋力場：

$$s = \frac{SJ}{r^2} x r'$$

然而，重旋力麥克斯韋方程式變為：

$$\text{Div } g = -4\pi G\rho$$

$$\text{Div } s = 0$$

$$\text{Curl } g = 0$$

$$\text{Curl s} = 2\mu\left[J - \epsilon\frac{dg}{dt}\right]$$

我們知道波方程為：

$$\nabla^2 f = \left(\frac{1}{c^2}\right)\left(\frac{d^2 f}{dt^2}\right)$$

電磁波方程是：

$$\nabla^2 E = \left(\frac{1}{c^2}\right)\left(\frac{d^2 E}{dt^2}\right)$$

$$\nabla^2 B = \left(\frac{1}{c^2}\right)\left(\frac{d^2 B}{dt^2}\right)$$

由於重旋方程，我們可知重力場散度不為零(k'*g≠0)而重力場旋度為零(k'xg=0)，因此重力波若存在應該是縱波而重旋力場關係為 s=2g/ω。此外，我們需要考慮可能的引力波能量密度。如果在時空引力波傳播不需有任何介質，引力波將需要被稱為引力子的傳輸顆粒。然而這個自旋 2（基於二階能量-動量張量）的引力子從未在自然界中發現。而與電磁有密切關係的光子是自旋為 1 的粒子。它是由於電磁四電流（four current）是一階張量。在這裡，我建議引力波實際上也是光。光子是自旋為 1 的粒子，因為四能量-動量張量（E/c，P_X，P_y，P_z），也是一階張量。因為 4x4 的能量-動量曲率矩陣，引力子被認為是 spin-2 玻色子，這是誤導的說法。我們應該意識到，法拉第電磁扭力張量也是 4x4 矩陣。四質量電流或四能量-動量張量實際上是電磁或重旋的來源。4×4 矩陣實際上是力對時空的影響。我們不應該被誤導。此外，無質量的光子能介導電磁以及重力。沒有 spin-2 引力子而玻色子只有無旋 spin-0 或有旋 spin-1。電磁波具有洛倫茲度量：

$$\partial_\alpha F^{\alpha\beta} = 0$$

引力波也有一個洛倫茲度量：

$$\partial_\alpha h^{\alpha\beta} = 0$$

我們可以看到相似性。F 表示 4 × 4 張量電場或磁場。H 也可以被看作應力 4 × 4 張量。然而，這些都不是實際的起源。起源是 4 電流或 4 質量電流。

引力波是指在時空加速會發出輻射波傳播。我們知道盎魯-霍金關係：T = ah' / 2πck。因此，加速直接導致溫度 T 而溫度 T 會造成輻射 KT^4（史蒂芬定律）。因此，它滿足重力加速度會引起輻射波的定義。因此，光本身也是引力波。它可以解釋為什麼引力以光速傳播。

引力波的波動方程為電磁波的波動方程實際上沒有什麼區別。引力波的波動方程為：

$$L'' + (\beta')^2 L = 0$$

電磁波的波動方程為：

$$L'' + (4\pi T_{uu})L = 0$$

此外，

$$\left[\beta'^2/_{4\pi}\right] = [T_{uu}] = \text{constant}$$

這兩個波動方程是無法區分的！這意味著兩個波是相同的。

值得一提的是，重力是源自質量能量的 mc^2。因此，該能量將導致時空曲率。光也是一種能量。因此，光有有效質量。光子的動量為 E / C = hf / C。因此，光子的頻率與質量密切相關。此外，光子的振幅與電荷密切相關。我將在後面的章節中討論此：

光是一個平面波，它可以表示為(考慮 SHM 有考慮相位角φ)：

$$A(x,t) = A_0 \cos(\omega t + \varphi)$$

我們微分上面的公式為 t，並得到：

$$V(x,t) = -A_0\, \omega \sin(\omega t + \varphi)$$

我們再次微分它，並得到：

$$a(x,t) = A_0\, \omega^2 \cos(\omega t + \varphi)$$

如果波移動一個完整波長 2π 時，上述方程可以變成：

$\mathrm{a}(\mathrm{x},\mathrm{t}) = -\mathrm{A}_0\omega^2$

考量旋力場旋度公式：

$$\mathrm{Curl\ s} = 2\mu\left[J - \epsilon\frac{dg}{dt}\right]$$

當空間有無源旋力場：

$$Curl\ S = K \times S_0 f'(ct) = \frac{2dg}{c^2 dt}$$

積分之：

$$\omega s = 2g$$

空間具有最小單位。它應該被量子化。有一個著名的芝諾悖論：如果烏龜在阿基里斯前方 100 米。當阿基里斯移動百米，而烏龜只能移動 10 米。當阿基里斯前進百米，烏龜再次移動 10 米。當阿基里斯再次前進 10 米，烏龜再次移動 1 米。因此，阿基里斯永遠落後烏龜。這並沒有真的發生在現實世界中。芝諾悖論成立的基本原則是時空應該是連續的，可以無限劃分。另外兩分法悖論也要求空間可無限分割而飛矢不動悖論則要求時間可無限分割。然而，由於芝諾悖論不會發生，這意味著我們的空間應該是不連續的。它的最小長度（單位長度）是新普朗克長度而時間最小單位是新普朗克時間。我們可以看到時空由小方塊構建（像畫素或網格）。但是在大規模的如星系時空會出現平滑性和連續性，使廣義相對論正確。基於上述光重力方程式，我們知道新普朗克長度是最小的振盪單元。如果時間和空間可以無限分割，那麼光可以停止或變速，它違反光速不變。另外，我們知道不確定性原理是 $Et \geq 1/2h'$ 與 $xP \geq 1/2h'$。如果時間 t 或空間 x 為無窮小，則能量或動量會無限大。這違背物理原理。因此，時空應該被量子化。由於新普朗克長度是時空的最小單位，我們不能用光壓或卡西米爾力來計算這個時空單位的零點能。即使在絕對零度時，具有最小的能量 $E = 1 / 2h'w$ 允許空間單位在角頻率 w 振盪。這解決了為什麼從卡西米爾效應計算零點能量比實際觀察大得多。因為振盪頻率與時間是成反比，時間的起源應是由於單位空間振盪。單位空間普朗克長度的推導是從 Schwartzchild 半徑必小於基本粒子半徑的不等式而來。

這意味著該光波是一個簡諧振盪波。由於加速度等於重力場，我們可以引入能量密度的重力場公式，看看是否有一個恆定的最大振幅 A_0 來看看光線是否是引力波？

引力波和電磁波都是光（光子）。引力波的定義是，它可以傳遞重力場。因此，光還可以傳遞重力場。我們知道的重力場能量密度是：

$$E = \frac{-g^2}{8\pi G}$$

如果一個光具有能量 E = hf，其能量密度為：

$$E = \frac{hf/_{2r}}{4\pi r^2}$$

（r 是光子半徑 = λ / 2π，並且 r * ω = c）

我們結合上述兩個公式，並得到：

$$g = -\sqrt{\frac{h'G}{c^3}}\,\omega^2$$

由於右側的第一項是單位空間即普朗克長度（lp），我們可以重新寫出下式為：

$$g = -l_p\,\omega^2$$

此證明光波是簡諧振盪波。光子攜帶的重力場是正比於它的角頻率的平方。並且，振動的位移是一個稱為普朗克長度的恆定值。當光通過時空時，會引起時空最小單位以角頻率 ω 振動。這種振盪會導致加速的重力場。因此，光的確帶有重力場。這可以解釋為什麼光可以被一個巨大的質量如黑洞吸引，或解釋超級月亮的地震引發效應。

我們也知道，旋力場 S = 2g / ω。因此，光也可以攜帶旋衝力場：

$$s = -2l_p * \omega = 2v$$

$$X = l_p$$

因此，光子之旋力場正比於它的角頻率和一個常數：普朗克長度。因此，光子可以攜帶四個場包括電場，磁場，重力場，及旋力場。光子 A^u 四維向量因此有四個自由度。

縱波壓力波就是重力波的原因，因為壓力造成普朗克空間之簡諧振盪。由此，我們可以得到聲波方程的形式：

$$\nabla^2 P = \left(\frac{1}{v^2}\right)\left(\frac{d^2P}{dt^2}\right)$$

這是光波的縱向分量。我們將首先推導出這個公式的波速 V = c。由弗里德曼方程中由暗能量主導的宇宙（gamma = 1），聲/壓力波般的公式：

$$v = \sqrt{\frac{E}{\rho}} = \sqrt{\frac{\gamma p}{\rho}}$$

而且

$P = \rho c^2$

(ρ is the mass density)

愛因斯坦所導出來的重力波為橫波是基於弱場近似的方法，而愛因斯坦重力波的場勢為質量四極矩是轉動慣量張量，說明與敝人基於角動量的旋力波橫波密切相關。

因此，光引力波速度等於光速 C，我們也可以推導出這個公式的最大壓力。我們知道光波的動量密度為 S / c^2 和動量 = 質量 * 速度。因此，光波質量密度為是 $S / v * c^2$。

$P = ESk = \rho c^2 l_p \omega / c$

而且，

$v = l_p * \omega$

由此，

$P = \rho c v$

由於真空中有零點能，真空質量能量密度其實不為零，由以上式子可知光波類比音波，也是壓力波也是速度波。由於光波穿過單元空間而不反射。我們需要用吸收輻射壓，我們把它放到上面的公式，我們得到 Ponyting 向量：

$$P = \frac{S}{c} = \frac{E \times B}{\mu c}$$

若我們知道：

$$\mathrm{E} = E_0 \cos(\omega t - kx)$$

$$\mathrm{B} = \frac{1}{c} E_0 \cos(\omega t - kx)$$

帶入波印亭光壓方程式(P=ExB/μc) ，接著方程式對 x 微分兩次再比較方程式對t微分兩次。因此，我得到了光就也是壓力波。因為壓力與速度成比例，壓力波可再導出速度波(旋力波)及加速度波(重力波)。

$$\nabla^2 P = \left(\frac{1}{c^2}\right)\left(\frac{d^2 P}{dt^2}\right)$$

由上面的推導：

$$P = \rho c V$$

因此我們也可得到速度波：

$$\nabla^2 V = \left(\frac{1}{c^2}\right)\left(\frac{d^2 V}{dt^2}\right)$$

也由於旋力場是速度場的兩倍而可得旋力波：

$$\nabla^2 S = \left(\frac{1}{c^2}\right)\left(\frac{d^2 S}{dt^2}\right)$$

由於壓力波比例於速度波(旋力波)，而速度波(旋力波)微分為加速度波(重力波)故：

$$P = cos^2\theta \propto V \propto S$$

$$S = 2V$$

又目前實驗偵測到的重力波其實是旋力波，而旋力波與重力波是一體的兩面，因為類比於電場與電流密度：

$$J = \sigma g$$

$$\frac{d}{dt}(\nabla \times J) = \sigma(\nabla \times g) = 0$$

$$\nabla \times J = 0$$

$$\nabla \times (\nabla \times s) = \nabla(\nabla \cdot s) - \nabla^2 s = -\nabla^2 s$$

$$\nabla \times (\nabla \times s) = 8\pi(\nabla \times J) - 2\mu\varepsilon \frac{\nabla \times dg}{dt}$$

$$= 8\pi(\nabla \times J) - \mu\varepsilon \frac{\nabla \times \mathrm{d}^2 s}{dt^2}$$

$$= 8\pi(\nabla \times J) - \hat{\mathrm{k}} \times \mu\varepsilon \frac{\mathrm{d}^2 s}{dt^2}$$

$$\Box s = -8\pi(\nabla \times J) = 0$$

或用另一導法：

$$-\nabla^2 s = k^2 s = \frac{2}{c^2}\frac{\nabla \times dg}{dt} = \hat{\mathrm{k}} \times \frac{\omega}{c^2}\frac{ds}{dt} = \hat{\mathrm{k}} \times \frac{\omega^2}{c^2} s$$

可用來比較愛因斯坦重力波公式(16π為零 8π亦為零)：

$$\Box h = -16\pi T = 0$$

而且愛因斯坦導出重力波用弱場近似而重力波是否一定

弱場有待商榷：

愛因斯坦另有式子：

$$\frac{1}{2}\Box\varphi_i^k = \frac{8\pi G}{c^4}\tau_i^k$$

$$\int T^{jk}\, d^3x = \frac{1}{2}\left(\frac{d^2 I_{jk}}{dt^2}\right)$$

$$h_{TT} = \frac{2G}{c^2}\left(\frac{d^2 I_{TT}}{dt^2}\right)$$

因為旋力場與重力場微分有差 2 的因子，才可得常數 $2G/c^2$，但其實 LIGO 測得的重力波即旋力波橫波。由上式亦可得旋力場拉普拉斯方程：$\nabla^2 s = 0$。我們知道重力場、電場、磁場、熱場(溫度場)當旋度與散度為零時，亦可得到平方反比的拉普拉斯方程。這些場在穩態無源自由空間、均衡調和、時間及路徑不依賴因連續性方程成立而為對稱及守恆的，這幾個力場也是統一場方程式的基礎。

在這裡，我需要說明的是光波需要振幅（電磁）和頻率（重旋）來完成的。因此，靜止或恆定運動的電荷不能產生輻射（電磁波）。電磁輻射需要電荷加速（重力場）。我們知道電磁輻射的拉莫爾公式：

$$E_\theta = \frac{q * a_\pm}{4\pi\varepsilon c^2 R}$$

請記住，加速度 a 需要垂直 Q 產生的庫侖場。因此，對於光波也需要滿足這一要求。如果單位空間的加速度是與光的波傳播方向相同，上式就可以實現。單位空間的最大振幅位移是普朗克長度。普郎克空間就是光波傳遞的介質，因此光波廣義可歸為力學波，這與物質波不同，物質波是粒子的運動軌跡成波動性。這解決了光介質：以太之謎。

電磁波之加速度的嚴格要求可以用以下內容推論。電磁波由時間變化的電場和時間變化的磁場引起。如果我們首先通過時間t微分當作振幅（距離）的電場，則產生速度項是磁場。如果我們需要電場，需要隨時間t微分的磁場而使得加速度項產生。然後，它會繼續下去，成為一個週期性循環。因此，電磁波可以形成。電磁波加速度必須滿足：

$$a(x,t) = A_0\,\omega^2 \cos\omega t$$

就是這個垂直加速度直接正比於波角速度的平方。因此，頻率提供了加速的電磁波。由於簡諧振盪縱向光波 A_0 是普朗克長度。目前理論認為重力波是橫波，既然是橫波要在真空傳播是否要類似固體的以太當介質，否則就需要有自旋為 2 的重力子，但根本沒發現有重力子的跡象。惠更斯曾將光類比為聲波認為光是縱波，因為橫波通常只在固體中傳遞。楊格因為偏振而提出光是橫波，但光有否可能既是橫波又是縱波，首先有電磁場震盪為橫波，但電磁場又產生壓力波震盪為縱波。有人用光子解釋光的直進性，但是光子無法解釋為何光會在大重力場彎曲而非繼續直進，若單位空間即光波的傳遞介質才能解決這個問題，解決了二十世紀的以太烏雲問題。平直空間中普朗克細胞線狀排列，因此光重力波因其簡諧運動而直線前進，彎曲空間中光重力波因普朗克細胞彎曲排列而彎曲前進。2016 LIGO 發表偵測到重力波的結果，他們偵測到的信號是以壓力波呈現，可否佐證敝人理論?

時間是什麼仍然是一個令人困惑的問題。愛因斯坦把時間作為統一時空的第四維。但是，我們仍然不能明白甚麼叫時空的第四維。基於上述理論，時間實際上是新普朗克體積(Lh^3)的振盪周期。單位空間的簡諧振盪決定時間的物理特性。因為時間的原因是振盪的空間，時間應為時空的第四維。在早期宇宙中因有極大普朗克能量造成最大可能普朗克頻率，單位空間激烈振盪。頻率最大而時間最短。此最短的時間被稱為新普朗克時間(Th)為時間的開始。這是由於在最大光子能量存在的宇宙早期空間。隨著宇宙膨脹，宇宙背景溫度的降低使光子的頻率降低。因此，時間區段反比頻率變長。因此，時間由光決定。當宇宙接近絕對溫度零，時間將延長到接近最大，將被從非常小的零點能決定基準振盪頻率。因此，如果我們知道零點頻率，就可以知道我們最終宇宙的最大時間。時間不是心理幻象。由於我們的周圍單位空間的振動，決定生物有機體的新陳代謝率。我們不能直接觀察到單位空間的振盪頻率，所以我們用有節奏的手錶，月球軌道，或繞地球公轉的週期振盪反映到實際的宇宙時間：單位空間振盪。然而，地球繞太陽可能不能完全反映延長的空間振盪。因此，以地球年計算的預期壽命將被延長以反映實際宇宙單位空間的振盪時間延長。穿過的光子頻率造成單位空間振盪來決定時間。如果我們能夠以光速行進，我們將不能夠檢測周圍空間的時間/頻率的變化（時間停止）。這是狹義相對論時間膨脹現象的原因。

最後，我們知道，空間不是似果凍的以太。那麼，如何才能形成時空曲率或形成撓率（在後面的章節中討論）。我想這也涉及到了單位空間：新普朗克體積（普朗克細胞）。這些最小的結構單元的排列導致大尺度曲率或撓率。因此，不存在以太。但是，這些新普朗克細胞排列使時空彎曲或扭轉。當光子到達宇宙的外週圍，它不能被吸收。因此，會出現反射壓力。如果這個光頻比零點能量 1 / 2h'w 大，一個新的普朗克細胞將生成。這是空間拓展的原因。光波也是重力波可以解釋為何電磁波是無源場(電場散度為零)，因為場源其實是重力場(重力場散度不為零)，而且帶重力場的光波也說明為何光會受到大質量天體的吸引。

在此，敝人也再說明在萬物理論一書中，地震是電磁

四、慣性的起源（Origin of inertia）

我們可以研究萬有引力和旋力之間的關係。我認為重力和旋力應該叫重旋力像電磁力一樣。我建議：靜止質量引起重力，運動質量造成旋力；靜止電荷導致電力，運動電荷產生磁場。由於磁是運動電荷的作用，我不認為有磁單極子。我們可以考察這四個基本力公式：

電力：

$$Fe = \frac{KQq}{r^2} = \left(\frac{\mu}{4\pi}\right)\frac{qcQc}{r^2}$$

磁力：

$$Fm = qvB = qv * \left(\frac{\mu}{4\pi}\right)\frac{QV}{r^2}$$

旋力：

$$Fs = \frac{SJ\omega m}{r^2} = \left(\frac{2G}{c^2}\right)\frac{J\omega m}{r^2}$$

重力：

$$Fg = \frac{GMm}{r^2} = \left(\frac{G}{c^2}\right)\frac{Mc^2 * m}{r^2} = \left(\frac{\mu}{4\pi}\right)\frac{Mc^2 * m}{r^2}$$

因此，我們可以看到旋力的起源是中央質量的旋轉角動量。重力的起源是質量的靜止能量 MC^2，電磁發送速率為 Q * V or Q * C，由於重力和旋力相互作用，他們應該有相同的滲透常數。我們讓旋力滲透係數 μ

$$S = \frac{2G}{c^2} = \frac{\mu}{2\pi}$$

介紹這個以上公式，我們可以看到引力和旋力有像電力和磁力相似方程。我們知道，旋轉能量是

$$E = \frac{1}{2}I\omega^2 = \frac{1}{2}J\omega$$

如果一個旋轉球體，如質子或電子在旋轉中光速 c 和自旋角動量 J = RMV，那麼

$$E = \frac{1}{2}J\omega = \frac{1}{2}r\omega mv = \frac{1}{2}mv^2 = \frac{1}{2}mc^2$$

在這裡，我將推導為什麼固體球體自旋角動量是 RMV。角動量的定義是 RXP。我們可以將一實心球體為圓形平面多個層的組合。因此，球體的角動量是：

$$\int d(r_i x p_i) = \int dr\, x\, mv + \int r\, x\, dmv$$

由於矢量方向 dr 與 v 的向量方向相同，上述式中的第一部分是零。

$$\int d(r_i x p_i) = \int r\, x\, dmv = \int r\, x\, mdv + \int r\, x\, vdm$$

由於矢量方向 r 與 dv 矢量方向相同，上述式的第一部分也為零。不存在叉積。

$$\int d(r_i x p_i) = \int r\, x\, vdm = R\, x\, V \int dm = R\, x\, MV$$

如果粒子的自旋線速度大於光速，這將違背愛因斯坦的狹義相對論。因此，光速 c 是最大可能的自旋線速度。我認為旋力常數 $S = 2G / C^2$ 是一個與萬有引力常數 G.同基本的常數，我們讓 $S = 2G / C^2 = \mu / 2\pi$，並引入愛因斯坦的廣義相對論：

$$Guv = \frac{-8\pi G}{c^4} Tuv$$

我們得到

$$Guv = \frac{-2\mu}{c^2} Tuv$$

牛頓第一運動定律慣性定律：靜止質量保持靜止而運動質量保持在恆定的速度移動。我們可以更深入地考慮慣性的起源。能量守恆可以解釋為什麼運動質量保持在恆速。當沒有外加的力和加速度，移動物體將保持其速度為恆定的 V。這個物體將繼續有一定的能量 1 / $2MV^2$。因此，它將永遠以恆定速度移動。然後為什麼靜止質量保持靜止？它需要用到廣義相對論的概念。

慣性質量等於引力質量。根據愛因斯坦，質量可引起時空彎曲。這就像當我們把一個鐵球放到彈簧床會造成該彈簧床的凹陷。質量引起空間曲率可以包住質量並限制其運動。即慣性的起源。當物體的質量越大，將引起更大的時空曲率。這個曲率將進一步限制對象的運動。因此，質量決定慣性。我們知道重力為 GMm/r^2，若有一小質量其重力場為 Gm/r^2，而其受到附近大質量引力場 GM/r^2 之影響，顯然小質量引起的空間曲率會加大，這就是直觀了解愛因斯坦的靜質量增加效應(static mass increase)。在此我也補充加速度 a 與重力場 g 的完全等效性，當一力量(F=ma)在後方推動某質量時，此質量的前方會產生空間曲率(a=g) ，此物體會猶如向前方凹陷移動而產生加速度，所以加速度與重力場等效。有些人用電磁的零點場來解釋慣性。然而，電荷是電荷而質量是質量。電荷造成時空渦流將不會限制電荷的運動。因此，使用電磁來解釋慣性是錯誤的。

此外，由於旋轉角動量是旋力的起源，旋力的最大傳輸速度應等於中央質量的最大旋轉線速度。如果旋轉或線性移動是由電荷磁性的起源，磁性的最大傳輸速度應等於電荷的自旋線速度或電荷線性移動的速度。此外，重力和庫侖靜電力傳輸速度應該為光速。

上述理由解釋了為什麼靜止質量將保持靜止。這也可以應用到旋轉。如果一個旋轉質量有恆定的角動量 J，那麼它會產生一個旋力場 $s = SJ / R^2$。這意味著它會拖曳附近的時空與它一起轉動。如果附近的時空由於物體的角動量而旋轉，這個時空內的物體也將旋轉。如果物體再次旋轉時，它又會拖曳其附近的時空再次旋轉。這也是一個正向的反饋。我也將會推導出角動量和角度之間的對稱性。這是角動量守恆的原因。所述旋轉拖曳效果是旋轉慣性的原因。角動量守恒是旋轉慣性的結果。因此，自旋角動量和軌道角動量都將產生旋轉拖曳效應。例如，天王星不僅環繞我們的太陽也繞著木星的軌道。這也使得所有八個行星和太陽在同一平面上。我稱這股力量 spinity。但是，rotatity 可能是一個更好的詞。

如果旋力場是 SMRV / R^2 ' 周圍時空也將有一個線性旋轉速度 V 它將讓軌道上較小的物體加速或減速，直到當系統達到平衡時，更小的物體與的時空的線性旋轉速度 V 匹配。速度 v 將等於較大物體的速度 V，速度 V 也是旋力的傳輸速度。

我們知道速度四向量為

U = γ（C，Vx，Vy，Vz） = γ（C，V）

而且，這四向量勢和四電流向量為

P = γ（E / C，Px，Py，Pz） = γ（MC，MVx，MVy，MVz） = γm（C，V）

J = γρ（C，Vx，Vy，Vz） = γρ（C，V）

對於靜止坐標系中，γ = 1 和 V = 0，所以我們會得到 U =（C，0）。因此，我們將看到的靜止質量或靜止電荷是以光的速度通過時空移動。因此，庫侖靜電力和牛頓萬有引力的傳輸速度為光速，U = γ（C，V）。然而，在磁力或旋力，第二組 V 表示可動框架速度。因此，磁或旋力以速度 V 傳遞。

我們也可以看看這四力向量。其計算公式為

F = MA = γ（F * U / C，F）= γ（dE / CdT，dP / dT）= γ（dγMC / dT，dγMV / dT）

力公式

F = dP / dT = dγMV / dt

在靜止坐標系看，力的傳遞速度是光速（重力和庫侖靜電力）。然而，在移動座標系，力的傳遞速度 V（磁力或旋衝力）。

我建議光線折射密切相關於廣義相對論。當光子穿過介質，它由於介質的質量密度偏轉。從廣義相對論，偏轉角為 4GM / RC^{2}，折射存在格拉德斯通-戴爾關係：（N-1）/ D = 常數。n 是折射率，d 是質量密度。我們知道，線性質量密度為 M / R。此外，溫度也影響折射。溫度對折射的影響是相反的。這可以通過熾力這是排斥性的暗能量來解釋。

靜止質量引起重力，運動質量造成旋力，靜止電荷導致電力，運動電荷產生磁力。在這裡，我會證明旋力和磁力僅僅是狹義相對論的移動質量和移動電荷效果。因此，不存在磁單極。

首先，我從電磁洛倫茨力推導開始：

$$\frac{dP^1}{dt} = qU_\beta F^{1\beta} = q(U_0F^{10} + U_1F^{11} + U_2F^{12} + U_3F^{13})$$

代入協變電磁張量的 F：

$$\frac{dP^1}{dt} = q\left[U_0\left(\frac{-E_x}{c}\right) + U_2(Bz) + U_3\left(-B_y\right)\right]$$

使用協變四速率的分量：

$$\frac{dP^1}{dt} = q\gamma\left[-\left(\frac{-E_x}{c}\right) + V_yB_z + V_z\left(-B_y\right)\right] = q\gamma\left(E_x + V_yB_z - V_zB_y\right)$$
$$= q\gamma[E_x + (VxB)x]$$

最後，我們得到洛倫茨力：

$$\frac{dP}{dt} = q\gamma(E + vxB)$$

基於 French AP 博士的推導，我們可以得到基準 S（X，Y，Z）和基準 S'（X'，Y'，Z'）之間的力轉化。參考 S 包括相對運動的電荷而參考 S'包括相對靜電荷：

$$x = \gamma(x' + vt')$$

$$y = y'$$

$$z = z'$$

$$t = \gamma\left(t' + \frac{vx'}{c^2}\right)$$

當電荷 Q1 在 V 速度移動（沿 x 軸）而電荷 Q2 中以 W 的速度同方向移動（沿 x 軸），則

$$W' = \frac{W - V}{1 - \frac{V * W}{c^2}} = \frac{dx'}{dt'}$$

與動量 P = Py，然後 Q1 和 Q2 之間的力 Fy。這兩個電荷有相同的電荷 q：

$$Fy = \frac{dPy}{dt} = \frac{\frac{dPy}{dt'}}{\frac{dt}{dt'}} = \frac{\frac{dPy'}{dt'}}{\gamma\left(1 + \frac{Vdx'}{c^2dt'}\right)} = \frac{\frac{Fy'}{\gamma}}{1 + \frac{v}{c^2}\left(\frac{w - v}{1 - \frac{V * W}{c^2}}\right)} = \gamma Fy'\left(1 - \frac{V * W}{c^2}\right)$$

由於 $Fy' = KQ^2 / R^2$ 我們可以比較洛倫茲方程。我們可以看到，$V * W / C^2$ 在兩電荷之間的相對運動產生了。這是磁力。因此，我們可以看到磁力僅僅是狹義相對論的移動電荷效應。

$$Fy = \gamma Fy'\left(1 - \frac{V * W}{c^2}\right)$$

注意最上面的公式推導流程，相對速度佔有重要角色。當 W-V=0 的時候分母只剩下 1 因此沒有 $V * W / C^2$ 這個磁力項，也

就是相對速度為零時則沒有受磁力。這可以用以解釋漩渦星系如銀河系，為何達到平衡時銀河系周圍恆星的公轉速度與銀河核心自轉線速度相等，解決了星系旋轉曲線問題。上式作用力同時可用於旋力，值得注意的是在磁力時若兩電荷運動方向相同或相反時，代入公式發現兩電荷間作用力變化為吸力或斥力差了符號，但是在旋力中因為公轉質量是看其角速度ω。

以下補充旋力有關物理量：

旋力能量勢：

$$U = \frac{SJ}{r}$$

旋力場：

$$Fs = \frac{SJxr'}{r^2}$$

旋力力矩：

$$\tau = F \times r = \frac{dj}{dt} = \frac{SJm\omega}{r}$$

旋力能量：

$$W = \frac{SJm\omega\theta}{r}$$

旋力功率：

$$P = \frac{SJm\omega^2}{r}$$

旋轉慣性拖曳效應(r 與 J 向量垂直)：

$$\Omega = \frac{GJ}{c^2r^3}$$

類比上式，線性慣性拖曳效應則可能為：

$$\Psi = \frac{GmV}{c^2r^2}$$

愛因斯坦的狹義相對論提到有鐘慢尺縮的效應，鐘慢尺縮分別對應到的是時間和長度變量，也就是 Noether 對稱的能量和動量，但是另一個對稱的角動量與角度並未述及，本文即在探討狹義相對論所會造成的角度變化效應。

根據洛倫茲變換，分別從 S 系和從 S’ 來描述沿 X 軸進行的光信號：

$$X = ct$$

$$X' = ct'$$

此時令 c=ωr

$$X = \omega rt$$

$$X' = \omega rt'$$

而

$$V = \omega' r$$

求方程式聯立，得到新洛倫茲因子：

$$\gamma = \frac{1}{\sqrt{1 - \frac{\omega'^2}{\omega^2}}}$$

等效於：（可見自旋最大線速度為光速）

$$\gamma = \frac{1}{\sqrt{1 - \frac{V^2}{c^2}}}$$

可得

$$X' = \gamma(X - \omega' rt)$$

當 X=rθ

$$\theta' = \gamma(\theta - \omega' t)$$

而

$$t' = \gamma\left(t - \theta * \frac{\omega'}{\omega^2}\right)$$

由上兩式可得相對角速度加成公式：

$$\mu' = \frac{d\theta'}{dt'} = \frac{d\theta - \omega' dt}{dt - \frac{\omega'}{\omega^2} d\theta} = \frac{\mu - \omega'}{1 - \frac{\mu * \omega'}{\omega^2}}$$

由以上 X 和θ公式類比同樣有收縮效應，當速度越接近光速則角度變化越顯著。用相對論角度變化解決了 Ehrenfest paradox。可知：

$$\theta = \frac{circumference}{diameter} = \frac{2\pi r\sqrt{1 - \omega'^2/\omega^2}}{2r} = \pi\sqrt{1 - \omega'^2/\omega^2}$$

並也可導出力的相對論變化：

$$\mathrm{Fy} = \frac{\mathrm{dPy}}{\mathrm{dt}} = \frac{\frac{\mathrm{dPy}}{\mathrm{dt'}}}{\frac{\mathrm{dt}}{\mathrm{dt'}}} = \frac{\frac{\mathrm{dPy'}}{\mathrm{dt'}}}{\gamma\left(1 + \frac{\omega' \mathrm{d}\theta'}{\omega^2 \mathrm{dt'}}\right)} = \frac{\frac{\mathrm{Fy'}}{\gamma}}{1 + \frac{\omega'}{\omega^2}\left(\frac{\mu - \omega'}{1 - \frac{\mu * \omega'}{\omega^2}}\right)}$$

由於旋力即為重力的相對論效應所產生的力，由上式可知當中心質量自轉角速度等於周邊質量公轉角速度時達到平衡不再有旋力。因此行星自轉角速度傾向與其衛星公轉角速度同步化。旋力也只是重力相對論效應。根據洛倫茲變換，其定義的速度μ-ω'大於零。但如果公轉質量運動方向與中心自轉質量相反，則用-ω'帶入ω'而μ-ω'仍大於零其結果就是公轉質量遭到逆向萬有旋力的減速，舉例如海衛一。當公轉小質量與中心自轉質量運動方向相同，但公轉小質量會給自轉中心質量一個減速的旋力，這同樣也是洛倫茲轉換更換坐標系套用-ω'的結果亦即作用力反作用力原理。另外當公轉小質量的線旋轉速度大於中心質量自轉速度時，即μ-ω'<0，洛倫茲變換本來要求速度ω'要大於零，故遇到此狀況也要運用反坐標系-ω'的概念，此時逆向的萬有旋力會使公轉小質量減速，舉例如火衛一。萬有旋力其實就是 Tidal lock 的主要成因。當μ-ω'=0 時也沒有旋力項。注意這與磁力不同，推導磁力過程中用的是相對旋轉線速度 V，因此服膺電荷相對論的漩渦星系傾向平衡時達到一致旋轉線速度，而解決了漩渦星系旋轉曲線問題。同理也可得相對應的動量公式：

$$Px' = \gamma\left(Px - \frac{\omega' E/r}{\omega^2}\right)$$

又 E=rFθ, E/r=Fθ

可得：

$$\mathrm{Fx}' = \frac{Fx \quad -\left(\omega' /_{\omega^2}\right) Fd\theta/dt}{1 - \omega'\mu/\omega^2}$$

又 F =-Fx'

則：

$$\mathrm{Fx} = \mathrm{Fx}'\left(1 - \frac{2\mu\omega'}{\omega^2}\right)$$

可見重力的相對論效應就是旋力，旋力乃重力狹義相對論的必然結果。在二維上可以把角速度視為純量。

類似於狹義相對論的導法亦可得到旋轉動能：

$$\mathrm{Er} = \gamma \mathrm{I}\omega^2 - I\omega^2 = \frac{I\omega^2}{\sqrt{1 - \frac{\omega'^2}{\omega^2}}} - I\omega^2 = \frac{1}{2} I\omega'^2$$

另外，由敝人統一場論（三版）一書中重力波一節的推導，旋力場與速度關係：

$$\mathrm{s} = \left(\frac{2G}{c^2}\right)\frac{J}{r^2} = 2\mathrm{V}$$

又行星運動方程式：

$$\frac{GMm}{r^2}+\frac{SJm\omega}{r^2}=\mathrm{mr}\omega^2$$

兩相對照下可得：

$$\mathrm{ma}+2\mathrm{m}\,\omega\,\mathrm{V}=\mathrm{mr}\omega^2$$

可引出旋轉坐標系的科氏力和離心力，可見旋力與科氏力的密切關係。而著名太陽系三體問題需考量初速度為零，洛希極限以及旋力才能解決。

最後談談電力場、磁力場、重力場、與旋力場的傳播速度。我們知道電流四向量：

$$J=(c\rho,j)=\gamma\rho_0(c,v)$$

而動量四向量：

$$P=\left(\frac{E}{c},p\right)=\ \gamma m_0(c,v)$$

可知重力場和電力場為靜止場其傳播速度為光速，而磁力場和旋力場為運動場其傳播速度為電荷運動速度或質量旋轉線速度，這解釋了為何現實上電力的傳播接近光速。但若磁力

來自電子自旋時，因電子以光速自旋故此時磁力場傳播速度
也會接近光速。

五、飛行原理（Flight principle）

儘管飛機的發明，飛行機制仍是未知的。許多科學家認為，伯努利定律就是飛行原理。然而，伯努利定律不能解釋為什麼所有的飛機需要螺旋槳，甚至渦流引擎飛行。萊特兄弟首次利用螺旋槳成功地發明了第一架飛機。從直升機到飛機，所有的飛機需要渦旋（螺旋槳或渦流噴射機）。我將解釋為什麼渦旋是在飛行中很重要的。實際上，渦旋是飛行的原理。

自旋起著飛行關鍵作用。慣性原則，是指靜止的物體往往保持靜止。質量是慣性的原因。我們可以列出一個小物體受到的重力勢：（M=重力源質量 r=兩物質心距離）

$$\varphi = \frac{GM}{r}$$

這種引力勢能會引起時空彎曲，這是慣性原理的起源。這就像把一個鐵球放在水床。水床會有一個「凹陷」以適應這個鐵球。當小物體正在旋轉時，就會產生另一個離心力勢抵銷從外部重力場的引力勢。這是因為重力是一個向內的力，離心力是一個向外的力。

離心電位是：（旋轉方向是垂直於小物體半徑 R，ω = 自旋角速度）

$$\text{net } \varphi = \frac{GM}{r} - \frac{1}{2}\omega^2 R^2$$

如果我們考慮重力加速度，我們可以微分後得到淨加速度=重力加速度-離心加速度

$$\text{net acceleration} = \frac{GM}{r^2} - \omega^2 R$$

如果我們加上小物體質量 m 由上面的公式中，我們可以得到淨力 = 重力-離心力：

$$\text{net force} = \frac{\text{GMm}}{\text{r}^2} - \text{m}\omega^2\text{R}$$

另外小物體本身重力 Gm^2/R^2 也應克服。從上面的公式中，我們可以看到的淨勢是依賴於半徑和旋轉速度上。如果我們積分上式獲得淨勢能，我們可以得到：E = GMm / R-1 / $2mV^2$。我們可以看到此公式類似位能與動能變換：（E = GMm / R-1 / $2mV^2$）。如果半徑（如螺旋獎半徑）很長或旋轉速度很高時，淨勢可以是負的。這意味著將不會有一個向下

的「凹痕」，而是向上凸的時空。也就是說小物體由於自旋有一個「負質量樣」這種負的質量可抗衡重力場。因此，這個物體可以飛！Eugene Podkletnov 博士發現旋轉盤上的重力將下降。這就是所謂的 Podkletnov 效果。這並不違背廣義相對論在一個孤立的系統的正質量定理。這個互動系統導致反重力飛行的行為。這是飛行的原理。這就是為什麼飛行物需要自旋結構。

離心勢可以只施加在自轉質量本身，而不是周圍的時空。所有飛行機都與旋轉有關，如噴氣渦流引擎或直升機的旋轉翼。在旋轉的高爾夫球或網球有馬格納斯升力。因為離心力是一個外膨脹力，它可以取消內縮重力的影響，物質的淨有效質量就會由它的自旋而降低。飛行是抵抗重力的影響。離心力實際上就是反重力的馬格納斯力。因而，自旋物體通常可以飛。我很好奇，是否離心力會導致時空的扁平化。進一步的數學推導或實驗室觀察會解決這個問題！

六、萬有熾力（Universal lightity）

暗能量（Dark energy）

暗能量是目前宇宙研究的一個謎。愛因斯坦原本以為宇宙是靜態的。因此，他在他的宇宙公式增加了一個宇宙常數，以防止宇宙因質量引力產生的崩潰。不過，由於哈勃教授的觀察，我們的宇宙實際上是在膨脹。根據他的觀察，獲得了所謂的哈勃定律：

V = H * R

（H = 哈勃常數，V = 擴張的速度，R = 共動距離）

目前，我們仍然不知道是什麼原因引起宇宙膨脹。科學家發明一個術語：暗能量來解釋宇宙膨脹。

輻射壓或光壓的最初源自麥克斯韋。它來自於光的動量變化。輻射壓力的公式為：

$$P = \frac{\sigma T^4}{c}$$

（Sigma = 斯蒂芬-玻茲曼常數 = 5.67×10^{-8} $JS^{-1}m^{-2}K^{-4}$, T = 絕對溫度；C = 光速）

公式推導的基本概念是從光動量 P = E / c：當光到達物質的表面上，會引起動量變化。此導致輻射壓力。地球來自太陽的輻射壓力是 4.6uPa。它相對於從太陽到地球的重力是一個非常小的量。幾乎可以忽視。但是，輻射也會導致對時空維度的壓力。並且由於宇宙的溫度四次方和輻射壓力成正比（～T ^ 4），輻射壓力超過重力起著宇宙膨脹主導作用。由於 T ^ 4 的大小，我們的宇宙正在擴張加速。輻射壓力比重力對時空維度的影響更大，重力隨距離遞減而光壓不會。引力是一種導致時空扭曲收縮的力。而光壓則相反。我相信，輻射壓力其實是暗能量。

馬赫原理指出，沒有絕對的時間和空間。物質存在空間-時間會影響周圍的空間-時間。愛因斯坦發展廣義相對論的靈感來自於馬赫原理。必須有一個向外的力導致宇宙擴張。輻射壓力是最好的人選。其他基本力不能造成大尺寸的宇宙擴張。強力和弱力僅在非常短範圍內的原子內介導的。電磁能從遠距離傳輸。然而，電磁解釋不能宇宙膨脹的原因。輻射（熱和光）成為暗能量的最佳人選。

由於熱力學第二定律，熱與時間的關係非常密切。時間向前推進，熵總是從高溫到低溫達到隨機性的最大亂度。另外，光速是在空間和時間上非常重要。輻射波會引起熵增加，收斂波可導致熵減少。因此，我們認為在我們的四維宇宙熱和光發揮主導作用。熱的移動方向相關於時空運動的箭頭（宇宙擴張箭頭或宇宙箭頭）。這意味著，熱和光決定空間-時間的移動。輻射壓力實際上是熱和光。因此，由於輻射壓力熱和光可引起空間-時間運動。輻射是從中央物質輻射到所有的向外方向。因此，從星系的輻射可以在每一個方向時空均勻向外。這是非常重要的，以同步宇宙所有的時間箭頭。所有的時間箭頭必須是相同的，並只有一個含義。如果輻射壓力是暗能量，那麼熵箭頭 = 輻射波箭頭 = 宇宙膨脹箭頭 = 時間箭頭 = 因果箭頭。因此，這些時間箭頭不相矛盾。它們可以很好地同步。只有當暗能量是輻射壓力，所有的時間箭頭可以同步。因此，輻射壓力是暗能量的最佳人選。同樣重要的是要知道，如果整個宇宙達到熱寂（最大熵）。因為已擴散出的輻射波不會變成為收斂波讓宇宙收縮和讓時間箭頭飛了回來，因此宇宙不會收縮。這個概念是非常重要的。這意味著時間箭頭不會逆轉違背因果關係。

為了測試是否輻射壓力是暗能量，我試圖從輻射壓力得到哈勃定律。我發現，哈勃定律可以假設輻射壓是暗能量而得到。下面是我的演繹：

在此演繹，我們需要假定觀測到的宇宙是實際的宇宙。我們可以從下面的例子設想這一點。當光從星系發射到實際宇宙邊界引起宇宙膨脹，它花費的時間就是從星系的光發射

到所觀測到的宇宙邊界。因此，觀察到的宇宙是實際的宇宙。觀測到的宇宙的體積由下式給出

哈勃長度：

$$L = \frac{CR}{V}$$

哈勃體積：

$$v = \frac{C^3R^3}{V^3}$$

（C = 光速，R ＝ 距離，V ＝ 宇宙膨脹速度）

溫度和加速度稱為 Unruh 效果之間的關係：

$$T = \frac{ah'}{2\pi kc} = \frac{ch'}{2\pi kL}$$

L 是哈勃長度。因此，T 與 V / R 是成正比

其次，我們假定在整個宇宙是一個封閉的系統。根據能量守恆定律，宇宙的總能量是恆定的：

輻射壓力：

$$P = \frac{\sigma T^4}{c}$$

$$\text{Total energy: total } E = P * v = \frac{\sigma T^4}{C} * v = \text{constant}$$

因為哈勃體積 ＝ C^3R^3 / V^3 而 T 是和 V / R 成正比的

$$\text{total } E = \left(\frac{KV^4}{CR^4}\right) * \left(\frac{C^3R^3}{V^3}\right) = \text{constant}$$

總能量：總 $E = KVC^2 / R$ = 常數

由於 K，C 是常數

V 是成正比於 R

這樣，我們得到哈勃定律：$V = H * R$（H：哈勃常數）

因為我們的宇宙正在擴張加速，熾力也應該解釋這一現象。我們將引入盎魯-霍金效應：

$$T = \frac{ah'}{2\pi kc}$$

（T：絕對溫度，h' = h / 2π，a：加速，K：玻爾茲曼常

數，C：光速）

這個公式可以從洛倫茲變換，普朗克定律，和都普勒頻移得出。這個方程是由加速觀察者觀察到時間依賴性的都普勒頻移的必然結果。最初該方程解釋，由於能量守恆在真空中加速就會產生輻射溫度 T，我們也可以解釋這個公式指出溫度會引起真空的加速度。

在一維時空，溫度 T 正比於加速度。這意味著絕對溫度 T 可引起 0，X，Y 或 Z 軸加速擴展。輻射壓力（熾力）的計算公式為：

$$P = \frac{\sigma T^4}{c}$$

公式是由 JC 麥克斯韋用波印亭向量（Eff 乃根據斯特凡定律）得出：

$$\mathrm{P} = \frac{Eff}{c}$$

根據盎魯-霍金效應：

$$T = \frac{ah'}{2\pi kc}$$

$$P = \left(\frac{\sigma}{c}\right)\left(\frac{a^4 h'^4}{16\pi^4 k^4 c^4}\right)$$

輻射壓力成正比於加速度的四次方。這意味著萬有熾力可引起四維時空的加速擴張。這完全符合當前的宇宙觀測。這意味著，輻射壓力實際上是暗能量：

$$\sigma = \left(\frac{\pi^2}{60}\right)\frac{k^4}{h'^3 c^2}$$

$$\therefore P = \left(\frac{1}{960\pi^2}\right)\frac{h' a^4}{c^7}$$

由於時空是擴大由於光壓，引入 $a = C^2 / R$，$2\pi R = X$ 於式中

$$P = \left(\frac{\pi^2}{60}\right)\frac{h' c}{x^4}$$

它可以比較卡西米爾力方程：

$$Casamir\ P = \left(\frac{\pi^2}{240}\right)\frac{h'c}{x^4}$$

我們可以看到萬有熾力和卡西米爾力之間有著密切的關係。因為輻射壓力 P 處於四維時空中，我們可以通過除以 4 得到一個自由度的壓力。這是卡西米爾力。吸引的 Casimir 力是因為兩個板外的輻射壓力推動兩板變得更緊密。這兩個公式之間只有 4 的差異。設 x = C * T，π^2 / 60 是 Stefan 因子：

$$P = \left(\frac{\pi^2}{60}\right)\frac{h'c}{x^4} = \left(\frac{\pi^2}{60}\right)\frac{h'}{tx^3} = \frac{\sigma T^4}{c}$$

我們能得到這個光壓時空公式，X^4是四維 hypercube 的體積。T * X^3 為時間乘以三維空間，所以知道時空是溫度的函數，並且溫度是時空的函數。溫度和時空之間存在反比關係。我們的宇宙開始時，有一個最大的普朗克溫度和非常微小的時空。因為加速度成正比於溫度，在宇宙開始為暴漲期。現在，宇宙的溫度大大降低因此加速膨脹慢。CtX^3 可以定義為時空體。我們若把整理一下光壓公式可得分母為 $1/2\pi^2r^4$ 的倍數是 3-sphere 的 hypervolume，佐證宇宙是 3-sphere。

什麼是熱？這個問題始終是一個謎。熱的定義主要有兩大理論：熱質論和熱動論。熱質論認為，熱是一種物質。這種物質可以從高溫物體轉移到低溫物體引起熱交換。熱動論認為，熱是一種運動。學者認為，運動等摩擦會不斷產生熱量。我覺得熱動論較為正確。熱實際上是能量也是運動。光和熱之間有緊密關係。當原子吸收熱量，就可以將其轉化為原子旋轉或振動。那麼，為什麼可以連續摩擦引起的熱量？此因為溫度成正比於加速度。這就是為什麼摩擦力產生的加速度可誘導熱的原因。這解釋了熱動論。

另外，由於加速度的轉化，所有的機械力包括電力而產生的加速度都將產生熱。因此，熱能是所有機械力量的最後共同通路。因此，摩擦會產生熱量。摩擦加速度可以變成熱能。值得注意的是，熱傳導和對流的機制。自熱（溫度）能引起加速度，固體熱傳導和氣體或液體熱對流可以通過自由電子加速來傳遞熱能。自由電子能夠獲得機械能和碰撞其他自由電子來傳輸熱能。氣體或液體分子也能做到這一點。然而，當它們經受碰撞，它們將釋放能量。因此，一個理想的氣體中，動能相關於總溫度。此可以解釋赤道海洋流趨於移動到極地。目前的熱對流理論認為，熱會降低液體密度產生反重力，這也正確。然而，極地和赤道的海洋是在同一個地平線上。因此，我們不能用傳統的熱對流理論來解釋海洋環流。溫度引起的加速度可以幫助解釋。這可以適用於單向性熱流：KT。但是，我們知道，輻射壓力（Stefan Law）為 T^4 與加速度四次方成正比˙如果有四維方向熱流，電子，原子或分子將經歷熱振動。當一個粒子被發射出光子，它會遭到其他方式的反彈力道。這是熱振動的原因。而且，每一個質量持續吸收和發射光子。即熱引起的振動，即是可以讓粒子來回沿 X，Y，Z 軸移動的原因。在這裡，我談到卡諾循環。在這個循環中，熱量總是比工作能大。因此，他的結論是，一些熱量不能被轉化成功。這是一個誤導而違背能量守恆定律。實際上，卡諾循環的是不是一個熱機；它是一個熱泵。該熱泵的時空壓縮會產生過多的熱量。因此，能量守恆定律可以保持。

由於加速度和熱之間的關係，我們可以得出結論，具質量的每個物質均可以輻射。質量引起時空曲率（加速度），而加速度產生熱輻射。基於 Schwartzchild 度量，在 R＝0 和 R＝2GM / C^2 有奇異點˙後者是 Schwartzchild 黑洞，前者存在於質量中的每一個質心。引力勢 GM / R 也能說明這一奇點。在奇異點 r＝0，輻射不能發射出去。然而，在近 R＝0 的點，將有輻射。物體有更大的質量，越能輻射。它可以解釋為什麼大質量物體，如銀河系的中心，太陽，或地球在他們的中心有較多的熱量。此外，熱輻射的量是與質量成正比例（加速

度 $a = GM / R^2$）。因此，地球內部的熱量不只因放射性物質；它是由於質量造成的加速度盎魯效果。

由於重力波是光波而決定每個局部時間，此符合狹義相對論的基本精神。而光壓造成宇宙膨脹且宇宙有背景輻射溫度 T=2.73K 故造成宇宙背景時間。故時間有局部性也有全域性。由於哈伯定律，宇宙不斷膨脹且離我們越遠者膨脹越快甚至可超光速，這是夜空黑暗的原因，但哈伯定律可由暗能量即為光壓導出而此二者並沒有矛盾。

最後，我想談談被稱為麥克斯韋妖的思想實驗。這個思想實驗表示，如果兩個腔室之間的妖怪可以控制進出顆粒的一定速度，那麼就可以違背熱力學讓組織產生去隨機狀態。我覺得這個惡魔真的存在。這就是生物有機體。我們知道細胞膜蛋白或渠道可以讓葡萄糖進入細胞內，讓 CO_2 出來。此細胞就可以實現有序狀態，而不是隨機的狀態。這是生物有機體和物理實體的關鍵區別，生物體為耗散結構。當生物死亡如細胞的死亡，生物將就像石頭變成一個普通的物理實體。遵守熱力學第二定律達最大亂度。

七、盎魯-霍金效應（Unruh-Hawking effect）

雖然有許多研究人員已推導過盎魯霍金效應，最早由盎魯及霍金分別導出，因為它是非常重要的，且是一個通則而非特例。我將引用前人(Alsing)於 ArXiv 的解法在此推導。

“當均勻加速度 a 參考系移動到慣性參考系，我們應該考慮洛倫茨變換：

$$\frac{dV}{dt} = a\left(1 - \frac{V^2}{c^2}\right)^{\frac{3}{2}}$$

有實驗時間（t）和適當時間（T）之間的關係：

$$dt = \frac{dT}{\sqrt{1 - \frac{V^2}{c^2}}}$$

當加速觀察者以速度 V 通過實驗觀察參考系，V 可以是適當時間（T）的函數：

$$V(T) = c\tanh\left(\frac{aT}{c}\right)$$

當觀察者正在 Z 軸加速：

$$t(T) = \frac{c}{a}\sinh\left(\frac{aT}{c}\right)$$

$$Z(T) = \frac{c^2}{a}\cosh\left(\frac{aT}{c}\right)$$

沿著 Z 軸，有一平面波，其頻率 ωk 和與其波矢量 k。在靜止參考系中，頻率是 ωk。根據洛倫茲變換

$$\omega' k(T) = \frac{\omega k - kV(T)}{\sqrt{1-\frac{V^2(T)}{c^2}}} = \frac{\omega k\left[1-\tanh\left(\frac{aT}{c}\right)\right]}{\sqrt{1-\tanh^2\left(\frac{aT}{c}\right)}} = \omega k e^{\frac{-aT}{c}}$$

（K = ωk / c）

如果在-Z 軸

$$\omega' k(T) = \omega k e^{\frac{aT}{c}}$$

（K = -ωk/c）

將上面的方程與時間依賴性的都普勒頻移相關。因此，時間依賴性的相位是：

$$\varphi(T)=\int^{T}\omega' k(T')\,dT'=\left(\frac{\omega kc}{a}\right)\exp\left(\frac{aT}{c}\right)$$

其頻譜正比於下面的公式：

$$\left|\int_{-\infty}^{\infty} dTe^{i\Omega T}e^{i\left(\frac{\omega kc}{a}\right)e^{\frac{aT}{c}}}\right|^{2}$$

我們令 $y=e^{aT/C}$

$$\int_{-\infty}^{\infty} dTe^{i\Omega T}e^{i\left(\frac{\omega kc}{a}\right)e^{\frac{aT}{c}}}$$

$$=\frac{c}{a}\int_{0}^{\infty} dyy^{\left(\frac{i\Omega c}{a-1}\right)}e^{i\left(\frac{\omega kc}{a}\right)y}=\frac{c}{a}T\left(\frac{i\Omega c}{a}\right)\left(\frac{\omega kc}{a}\right)^{\frac{-i\Omega c}{a}}e^{\frac{-\pi\Omega c}{2a}}$$

T 是伽瑪函數

$$\left|T\left(\frac{i\Omega c}{a}\right)\right|^{2}=\frac{\pi}{\left[\left(\frac{\Omega c}{a}\right)\sinh\left(\frac{\pi\Omega c}{a}\right)\right]}$$

因此

$$\int_{-\infty}^{\infty} dT e^{i\Omega T} e^{i\left(\frac{\omega kc}{a}\right)e^{\frac{aT}{c}}} = \frac{2\pi c}{\Omega a}\frac{1}{e^{\frac{2\pi\Omega c}{a}}-1}$$

我們可以比較普朗克定律與上述方程式。普朗克因子：

$$\text{Plank factor} = \frac{1}{e^{\frac{h'\Omega}{kT}}-1}$$

然後，我們可以得到盎魯霍金效應：”

$$T = \frac{ah'}{2\pi kc}$$

值得一提的是，光子屬於 U（1）對稱性。當它接觸宇宙外圍光子不會消失。它會繼續沿著三維球面宇宙移動循環。這是 U（1）纖維束的形狀。在 U（1）纖維束，光子動量，能量，所有的物理定律都不會改變。這是 U（1）局部對稱。當圓圈可以在宇宙中圍繞旋轉，光子動量，能量，所有的物理定律都不會改變。這是 U（1）全域對稱性。我們可以看看詳細盎魯霍金效果。其計算公式為：

$$T = \frac{ah'}{2\pi Kc}$$

1 / 2KT 是每個自由度的能量

$$\frac{1}{2}KT * \frac{2\pi c}{a} = \frac{1}{2}h'$$

如果光子環繞我們的宇宙的週期是 2πC / a，上面的公式可以改為：

$$\frac{1}{2}KT * t = \frac{1}{2}h'$$

我把這個簡單的公式叫做：溫度-時間公式（T * t = h' / k）現在，我們可以看到這個常數 h' / K 的含義。

我認為熵時間箭頭是：

$$dS = \frac{\delta Q}{T}$$

$$S = K \ln \Omega$$

由於時間 t 為正，並且總是增加，溫度 T 總是下降。然後，熵 S 始終增大。這是熵的時間箭頭：

相較於玻爾的時間能量不確定性原理

$$\Delta E * \Delta t \geq \frac{1}{2}h'$$

我們可以看到很大的相似性。

我們還可以使用圓周公式 T = 2πx / c = Cr / c（x = 宇宙半徑）。因此，

$$KT * Cr = h' * c$$

我們可以讓 h'c / k 當一個常數，所以會有一維空間和溫度之間的關係。這就是所謂的溫度空間方程。溫度和宇宙圓周長之間有反比關係。我們還可以得到溫度和距離之間的相反關係：這是一維空間-溫度方程。

$$T * x = \frac{h' * c}{K * 2\pi}$$

此外，光子的能量-動量關係（P = E / c），

$$\frac{1}{2}KT * Cr = \frac{1}{2}h' * c$$

$$Pc * Cr = \frac{1}{2}h' * c$$

$$P * X = \frac{1}{2}h'$$

比較動量位置不確定性原理：

$$\Delta X * \Delta P \geq \frac{1}{2}h'$$

另外，

$$Pc * Cr = \frac{1}{2}h' * c$$

$$P * 2\pi x = \frac{1}{2}h'$$

$$x \times P * 2\pi = \frac{1}{2}h'$$

比較角動量角度不確定原理：

$$\Delta L * \Delta\theta \geq \frac{1}{2}h'$$

總之，能量-時間，動量-位置和角度-角動量的積等於 1 / 2h’。在這些方程，有可交換性 AXB = BXA = 常數。這種交換性質意味著 A 和 B 具有對稱關係。因此，能量和時間是對稱的，動量和位置是對稱的，角度和角動量是對稱的。這一發現與諾特定理一致。這些方程解釋能量守恆，線動量守恆和角動量守恆。這是時間，空間，以及旋轉不變性。

■參考資料

PM Alsing arXiv: quant-ph/0401170v2

八、電荷相對論（Charge relativity）

暗物質（Dark matter）

眾所周知，愛因斯坦的廣義相對論說質量導致時空曲率產生引力。然而，電磁和空間-時間之間的關係一直被忽略。在這裡，我建議電磁也是由時空結構變化來介導的。這新的理論電荷相對論是要取代現有的量子電動力學理論（QED）。

QED 說，電磁是通過光子傳輸來介導的。這說明不能說明力場（力強度線）電磁特性。如果電磁由光子介導的話，檢測電荷靠近中央電荷或遠離中心電荷，不會有任何區別。但根據法拉第力線理論，當它接近中央電荷，檢測電荷將獲得更多的場力。第二，QED 是基於薛定諤和狄拉克的量子力學公式，但根據我的新原子模型，量子力學證明是錯誤的。第三，輻射壓或光壓是由於熱，和電磁是由於電荷不同。熱量不等於電荷。因此，QED 聲稱是電磁由光壓介導是錯誤的，光子媒介的是熾力。第四，最重要的，QED 需要使用虛擬光子來解釋電磁吸引和排斥。它需要聲稱，虛粒子向後移動的時間來解釋排斥力和吸引力。然而，虛光子從未觀察到。而向後時間移動的光子反粒子仍是光子，只有加速運動的電荷才會放出電磁波(光子)，所以 QED 根本無法解釋靜止或等速運動電荷產生的電磁力。此外，目前 Lamb shift 的實驗得到最新確切的結果與從 QED 的預測有很大不同。基於以上原因，我需要提出一個新的理論來取代 QED。

愛因斯坦提出廣義相對論的一個重要原因是牛頓的萬有引力公式（$F = GMM / R^2$）意味著重力傳遞是超越光速的超距力。這違背了狹義相對論的基礎原則。但是，庫侖靜電力公式（$F = KQq / R^2$）也意味著電磁力也是超越光速的超距力。因此，我必須提出一個新的理論，讓電磁服從狹義相對論的基本原則。我在這裡提出電磁也是由時空結構變化介導的。我們知道，由於愛因斯坦的廣義相對論，質量可引起時空彎曲。而我建議電荷會導致渦旋形的時空結構。由於曲率會導致慣性，電荷形成的渦旋結構不會引起中央的凹曲。然而，正電荷和負電荷應具有在給定的空間-時間下不同的渦旋方向。這意味著正或負電荷在時空四維結構產生兩種方向渦旋的形成，一個是順時針另一個就是反時針。若正電荷是反時針或右手性則負電荷是順時針或左手性。如果兩個負電荷或兩個正電荷相接近，兩者之間的時空渦旋結構有不同的空間排列導向，會有排斥。如果一個正電荷和一個負電荷的臨近，兩者之間的時空渦旋結構是一樣的空間排列導向，將有吸引力。因此，這解釋了電磁吸引力和排斥力的特點。值得一提的是，電力由靜止電荷介導和磁是通過轉動或運動電荷介導的。庫侖靜電是開放式非零發散渦旋，而磁則是零散度渦旋。由於非零發散，靜止電荷渦旋結構應該是開放的渦旋。這意味著渦流線從中心發起並延伸到達外圍邊界。渦旋結構是三維結構。這意味著，電荷可以識別時空定向在三個水平面上產生渦旋形結構。如果時空是由 X，Y，Z 軸定義，則渦旋結構，可以存在 xy 平面，yz 平面和 xz 平面中。渦旋結構本身是漩渦形狀的平面。當一個電荷自旋（磁性），渦旋形成的方向將被改變。因此，它可以解釋為什麼兩不同自旋方向的電荷會相互吸引，兩同自旋方向的電荷會相互排斥。

為什麼扭轉張量（torsion tensor）等於電磁張量（法拉第張量）？我們也可以從扭轉張量和法拉第張量的定義推導它：[1]根據定義，扭轉張量是

$$T^{k}_{uv} = A^{k}_{uv} - A^{k}_{vu} - \gamma^{k}_{uv}$$

如果基礎是 holonomic，則 Lie braket 消失了。這意味著 γ^ k_uv = 0。由於庫侖電磁力是保守力，與受力路徑無關，並且只和電荷開始和結束的狀態有關。因此，庫侖電磁力是 holonomic。然後，扭轉張量變為：

$$T^{k}_{uv} = A^{k}_{uv} - A^{k}_{vu}$$

通過分化，形成二級協變[1]

$$Auv = \frac{\delta Au}{\delta Xv} - \{uv, t\}At$$

Auv 是張量 Au 的延伸部（協變導數）

上述方程中的第二項在指數 u 和 v 是對稱的。

因此，

$$Tuv = Auv - Avu = \frac{\delta Au}{\delta Xv} - \frac{\delta Av}{\delta Xu}$$

法拉第電磁張量 F 等於：

$$Fuv = \frac{\delta Au}{\delta Xv} - \frac{\delta Av}{\delta Xu}$$

此對應於漩渦線(two-dimensional flow)：

$$\vec{\omega} = \nabla \times \vec{v} = \left(\frac{\partial v_y}{\partial x} - \frac{\partial v_x}{\partial y}\right)\hat{Z}$$

因此，Fuv = Tuv 表示。法拉第張量即扭轉張量。這裡注意到扭轉張量可寫成一個二階協變張量(vector valued 2-form)。

從上面的公式中，我們可以得到電磁場張量（F）。也正因為矢量 Au 代表的廣義的電磁勢。如果說電磁導致時空渦旋的形成，那麼它是非常合理的，因為旋渦線與扭轉張量一致。而且法拉第張量和扭轉張量都是反對稱張量。每個扭轉張量（6 組成 components）都有個法拉第張量相匹配（6 組成：Ex Ey Ez Bx By Bz）。

根據定義，A^U =（φ / C，A）和 A_U =（φ / C，-A）。並且，

$$E = -\frac{\partial A}{\partial t} - \nabla\varphi$$

$$B = \nabla x A$$

$$\text{if } Fuv = \partial uAv - \partial vAu$$

$$F_{10} = \partial_1 A_0 - \partial_0 A_1 = Ex/c$$

$$F_{12} = \partial_1 A_2 - \partial_2 A_1 = Bz$$

我們也可以得到 Ey Ez Bx By，得到全部扭轉張量。因此，無論是電場（E / C）和磁場（B）都是扭轉張量會導致時空渦旋！如果我們採用 geometrized unit 使光速為一，則：

$$\text{Fuv} = \begin{bmatrix} 0 & Ex & Ey & Ez \\ -Ex & 0 & -Bz & By \\ -Ey & Bz & 0 & -Bx \\ -Ez & -By & Bx & 0 \end{bmatrix}$$

此張量的特徵值為：

$$(iE, -iE, iB, -iB)$$

$$E^2 = E_x^2 + E_y^2 + E_z^2$$

$$B^2 = B_x^2 + B_y^2 + B_z^2$$

根據 Landau 的“The Classical theory of fields”一書，法拉第張量可由最小作用量原理導出。

$$S = \int_a^b \left(-mcds - \frac{e}{c} A_i dx^i\right)$$

$$\delta S = \delta \int_a^b \left(-mcds - \frac{e}{c} A_i dx^i\right)$$

$$\delta S = -\int \left(mc \frac{dx_i \delta x^i}{ds} + \frac{e}{c} A_i \delta x^i + \frac{e}{c} \delta A_i dx^i\right)$$

$$\int \left(mcdu_i \delta x^i + \frac{e}{c} \delta x^i dA_i - \frac{e}{c} \delta A_i dx^i\right) - \left[\left(mcu_i + \frac{e}{c} A_i\right) \delta x^i\right]$$

$$= 0$$

而：

$$\delta A_i = \frac{\partial A_i}{\partial x^k} \delta x^k$$

$$dA_i = \frac{\partial A_i}{\partial x^k} dx^k$$

方程式可化約為：

$$\int \left[mc\frac{du_i}{ds} - \frac{e}{c}\left(\frac{\partial A_k}{\partial x^i} - \frac{\partial A_i}{\partial x^k}\right)u^k\right]\delta x^i ds = 0$$

$$mc\frac{du_i}{ds} = \frac{e}{c}\left(\frac{\partial A_k}{\partial x^i} - \frac{\partial A_i}{\partial x^k}\right)u^k$$

$$F_{ik} = \frac{\partial A_k}{\partial x^i} - \frac{\partial A_i}{\partial x^k}$$

$$mc\frac{du^i}{ds} = \frac{e}{c}F^{ik}u_k$$

可知動量可表示為：

$$P = P + \frac{e}{c}A$$

以上得證。””

我們並可看到法拉第張量與 momentum density 或 momentum flux 是相關連的，因此我們可將其放在四維時空 stress energy 張量的反對稱部份。

我們需要詳細看看電荷相對論，法拉第張量意味著它是從一個元素電荷發出力線的數量。因此，法拉第力線實際上導致渦旋形時空結構。渦旋時空結構本身就是實際的法拉第力線和法拉第張量。因此，筆者建議用電荷相對論的公式來解釋電荷和時空之間的關係。最近，有一個新的理論被稱為愛因斯坦-嘉當-埃文斯（Evans）理論來統一引力和電磁。它認為電磁引起自旋。在我看來，自旋場不會造成電磁。質量自旋引起的是萬有旋力。電磁應該引起時空渦旋結構形成！

在天文學，暗物質理論的提出，乃是因為有由動態法估計的維理質量和由光-質量比質量估計之間的巨大差異。旋渦星系的總質量不能解釋為什麼星系外圍可以圍繞高速的中央星系核心旋轉而不被離心力斥開。如果我們考慮到星系核心和外圍恆星之間的電磁吸引力，我們可以解釋為什麼螺旋星系可以聚在一起旋轉。因此，暗物質沒有必要了。維里公式：

$$2K + U = 0$$

K 為動能而 U 為勢能，因此若勢能只有重力勢能則不符合維里公式對螺旋星系動能估計，但若加上電磁勢能則就能解決此一問題。

此外，所有的粒子（費米子）具有質量和相應的重力加速度。由於盎魯-霍金效應，加速度會導致溫度。然後，Stefan Law 將讓所有有溫度之物體發出輻射。暗物質顧名思義是不發射光子的質量，理論上不可能有這種物質。在銀河星系，關鍵的一點是，中央星系和星系外圍有相反的電荷。有人可能會爭辯說，為什麼同樣的電荷的質子不會相互排斥。這是因為，由於巨大質量的銀河系中心有非常強的重力場維繫這些電荷。電荷相對論也可以解釋為什麼螺旋星系成螺旋形。橢圓星系不需要假設暗物質存在或較少。這是因為橢圓星系沒有電磁只有重力。因此，橢圓星系不是螺旋形。電流密度波理論來解釋星系的螺旋形狀是錯誤的。由於電荷相對論，電磁導致螺旋星系有開放的螺旋形狀。橢圓星系的主導力量是引力故成圓或橢圓形。值得注意的是，如果用盎魯效應或拉莫公式來計算出基本粒子的輻射功率可得：質子 10^{-67}watt、中子 10^{-114}watt、電子 10^{-85}watt、微中子 10^{-148}watt。可見微中子因為只有弱交互作用因此其輻射量最小，若要解釋橢圓星系或重力透鏡得到估計的暗物質，微中子是其候選人，而且微中子在電子微中子、緲子微中子、濤子微中子三態之間震盪而此三態重量由低到高分佈而不同，因此目前對微中子在宇宙中的質量可能低估了。目前預測微中子平均質量為 0.3eV/c^2 而理論預估微中子質量若大於 50 eV/c^2 則宇宙會崩塌，但有可能目前微中子質量被低估了十倍或百倍。

在螺旋星系的開始，未來的星系核心未來外圍星之間的庫侖相互作用引起電磁場。自旋電荷會造成磁場。如果這些自旋電荷不能完全相互抵消，會有產生淨磁場。然後，外圍星系由於中央磁場的轉矩將趨向於圍繞核心轉動。質子和電子之間的電荷是相反的。如果中央星系核心的磁場 NS，周圍星系的磁場變成 SN。然後，共旋螺旋星系形成。這就是為什麼周邊恆星分布於渦旋星系的磁場方向。因為銀河星系核心的磁場和旋力，在旋臂的太陽也開始沿環繞恆星的方向自轉。只要我們的太陽開始自轉，這也將影響到行星如地球。因此，這可以解釋為什麼大多數的行星，太陽，銀河系，以及銀河星系核心的旋轉，均在同一方向的現象。事實上，由於電荷可誘發漩渦，所有的旋渦星系都有著巨大的角動量，在橢圓星系，有更多的質量。如果是純粹的質量而無電荷，這個橢圓星系將是接近完美的球體。如果仍有少數電荷，這橢圓星系將接近橢圓。這是由於

$$GMm / R^2 + KQq / R^2 = ma$$

這就是為什麼星系為何呈橢圓或螺旋形之原因。若沒有電磁感應角動量，則在橢圓星系沒有自旋或旋轉。因此，只有不規則運動的橢圓星系。

在螺旋星系中，有星系旋轉曲線問題。如果重力是螺旋星系的唯一力量，那麼外圍恆星的軌道速度應更小，而不是與中央核心旋轉等速：

對於無電磁和旋轉的橢圓星系，開普勒第三定律

$$GMm / R^2 = mRW^2$$

如果也有電磁，則公式變為

$$(GM + SJW)\ m / R^2 + (KQ + uQV / 4\pi)\ Q / R^2 = ma$$

如果重力是微不足道的，計算公式為：

$$KQq / R^2 = mRW^2$$

開普勒第三行星運動定律需要改變。這就是為什麼外圍恆星能保持高速軌道運行速度。為什麼外圍恆星的軌道速度等於銀河系中心旋轉的速度？我們可以使用旋力和磁力場來解釋它。由於旋力和磁性，角動量轉移從中央星系傳送到外圍星。因此，恆星的軌道速度等於銀河系中心的旋轉速度。因此，螺旋星系能夠保持共螺旋結構。維里定理得出的維里質量遠大於測出的螺旋星系質量，但考慮庫倫定律即可解釋。

我們可以重新檢查庫命電量：

$$\text{Electricity} = \left(\frac{\mu}{4\pi}\right)\frac{Qc * qc}{r^2}$$

我們可以看到有光速存在這個等式中。這意味著對電力的傳輸速度是光速。根據潛勢理論，庫倫電量是 QC / r 和 qc / r 之間的相互作用。因此，總的力為 $KQC * qc / r^2$ 因此，電力不是超距力！

另外，這一理論可以解釋為什麼我們的太陽的磁場是螺旋形的。太陽的磁場被稱為「帕克螺旋」，並且是一個開放的螺旋結構。磁場的這種形狀被認為是太陽風釋放的影響。但是，我認為真正的原因是，我們的太陽有電荷不同於電中性的行星。因此，太陽的電磁導致時空螺旋結構。這個新的理論也可以解釋為什麼螺旋星系磁場對準其旋臂。正是由於星系的電磁導致時空旋渦狀結構，周圍恆星聚集旋轉。因此，星系的磁場完全對齊旋臂。

目前，有一個可以完全支持我的「電荷相對論」的實驗。[2] 當光線通過在真空中一個強大的磁場，有光學旋轉。因此，可以說是光穿過受強磁場扭轉的時空。因此，光的路徑轉動。光的角度旋轉也包括，光穿過電場（Pockels 效應，$\theta = KED$），或者當光通過磁場（法拉第效應，$\theta = KBL$）。由於電磁可以導致時空扭轉，這些光學旋轉效果是非常合理的。最近 Lamb shift 的實驗也指出 QED 的缺陷。[3] 最近測量質子的大小也忤逆了 QED 預測。至今沒有令人滿意的理論來解釋這一現象。應用電荷相對論來取代 Q.E.D.。

由於電磁場法拉第張量（F）為反對稱張量，則 $F^T=-F$

若正電荷為 F 則負電荷即為-F （$F^T=-F$）

因此正負電荷互為轉置矩陣

每個反對稱張量都可用 Cayley transform 來轉換

因此正電荷轉換可得

$$R = (I - F)(I + F)^{-1}$$

負電荷轉換可得

$$R' = (I + F)(I - F)^{-1}$$

可知 R*R’ =I 因此根據定義正負電荷即對應於旋轉方向相反的兩旋轉矩陣，佐證了電荷相對論。電荷相對論也可幫助解釋為何會發生星系間碰撞。此可能因為兩螺旋星系帶不同電性電荷導致。根據電荷相對論，有帶電荷的夸克或輕子有可能有三種旋轉撓率，分別是以 X 軸為中心的 YZ 平面，以 Y 軸為中心的 XZ 平面，以 Z 軸為中心的 XY 平面，他們性質相近但是根據希格斯機制此三種情況獲得的質量不同，這就是為何我們有三種夸克或輕子，而有帶電的夸克或輕子傾向衰變成最小質量使其電荷相對論為於特定平面。中微子不帶電但服膺電弱作用也因 XYZ 軸有三代且質量相近，但他們傾向在三軸中互相轉換造成中微子震盪。也因此沒有第四代粒子。而三度空間的旋轉也說明我們最多有 SU(3)而不會有 SU(4)。有人認為撓率張量有 24 個成分與 6 個成分的法拉第張量不符合，其實撓率張量為 T^0,T^1,T^2,T^3 共四個張量，第一個代表時間，後三個代表空間對應的 XYZ 三軸也就是前述的三代，故總共 24 個成分但分配到每個張量只有 6 個成分而符合法拉第張量。而電磁作用對應於 U(1)其也同構於

SO(2)，為旋轉群對應正電荷和負電荷兩者。在一個右手系逆時針的 SO(2)旋轉矩陣可表示為(假設為正電荷)：

$$\begin{bmatrix} \cos\theta & -\sin\theta \\ \sin\theta & \cos\theta \end{bmatrix}$$

則順時針的旋轉矩陣(假設為負電荷)：

$$\begin{bmatrix} \cos\theta & \sin\theta \\ -\sin\theta & \cos\theta \end{bmatrix}$$

由於反對稱矩陣(如法拉第張量)可表示為旋轉矩陣，我們能把此 2x2 SO(2)矩陣拓展給向量(t,x,y,z)如此可得法拉第張量的旋轉方向變化。

■參考資料

1.Einstein A The foundation of the general theory of relativity Annalen der Physik 49,769（1916）

2.Zavattini E. et al. Experimental observation of optical rotation generated in vacuum by a magnetic field Phy Rev Lett 96,110406（2006）

3.Pellegrin P et al. Lamb-shift measurement in hydrogenic phosphorus Phy Rev Lett 49,1762（1982）

九、宇宙場方程式（Universe field equation）

曲率（Curvature）和撓率（Torsion）是微分幾何兩大基本組成部分，它分別代表重力和電磁。事實上，物理就是幾何：

扭轉張量為：

$T(x,y) = \nabla_x Y - \nabla_y X - [x,y]$

扭率滿足

$\Theta = d\theta + \omega \wedge \theta$

曲率張量是：

$R(x,y)z = \nabla_x \nabla_y Z - \nabla_y \nabla_x Z - \nabla_{[x,y]} Z$

曲率滿足

$\Omega = d\omega + \omega \wedge \omega$

當[x,y]=0 屬於可交換性保守力場如靜電場和重力場，則以上兩張量變成為：

$$T(x,y) = \nabla_x Y - \nabla_y X$$

$$R(x,y)z = \nabla_x \nabla_y Z - \nabla_y \nabla_x Z$$

我們可以用曲率形式和扭率形式恢復彎曲和扭轉。如果有 U 點在 F × M，則

$T(x,y) = u[2\Theta(\pi^{-1}(x),\pi^{-1}(y))]$

$$R(x,y)z = u\left[2\Omega\left(\pi^{-1}(x),\pi^{-1}(y)\right)\right]\left[u^{-1}(z)\right]$$

比安奇等式連接扭轉和彎曲幾何。如果循環總和為 G，那麼

$$G(R(x,y)z) := R(x,y)z + R(y,z)x + R(z,x)y$$

第一個比安奇恆等式：

$$G(R(x,y)z) = G[T(T(x,y),z) + (\nabla_x T)(y,z)]$$

第二比安奇恆等式：

$$G[(\nabla_x R)(y,z) + R(T(x,y),z)] = 0$$

因此，扭轉張量和曲率張量可以連接在一起。

曲率與撓率為微分幾何兩大變量，如弗萊納公式：

$$\frac{dT}{ds} = kN$$

$$\frac{dN}{ds} = -kT + \tau B$$

$$\frac{dB}{ds} = -\tau N$$

T 是單位切向量，N 是單位法向量，而 B 是單位副法向量，被稱為弗萊納標架。k 是曲線的曲率而τ是曲線的撓率。這裡可舉一個生物學例子如 DNA 雙股螺旋具有固定曲率和撓率，透過此性質當發生基因突變則修補酶可迅速找到錯誤位置而加以修改。下表整理微分幾何曲率或撓率與場論關係：

規範場名詞	微分幾何名詞	微分幾何名詞
規範	主纖維叢	切標架叢
規範勢	仿射聯絡	仿射聯絡
場強(規範場)	曲率張量：衡量流形上的測地線與直線的差異	撓率張量：李括號藉仿射聯絡變換前後差異
形式	曲率形式	焊接形式
規範場變換	曲率張量局部座標變換	撓率張量局部座標變換
重力	U (1)叢聯絡	
電磁		U(1)叢聯絡
弱作用		SU(2)叢聯絡
強作用		SU(3)叢聯絡

也介紹一下 Natural equation (intrinsic equation of curve)：

$k1 = \phi(s) \qquad k2 = \varphi(s)$

S 是曲線弧長而 k1(曲率)與 k2(撓率)為其基本性質。

另外在此參照索恩教授所著引力論一書，來用比安奇恆等式即邊界的邊界為零解釋電荷守恆與質量能量守恆。邊界的邊界為零也就是：

$$dd = \partial\partial = 0$$

首先以電磁(撓率)來看：

$$F = dA$$

$$d^*F = 4\pi^*J$$

$$d^*J = 0$$

$$dd^*F = 0$$

故電荷守恆自動守恆(源的守恆)。根據諾特定理電荷守恆的對稱性對應於電磁場規範不變性。

再以重力場(曲率)來看：

$$R = d^2$$

$$G = R^*$$

$$G^* = 8\pi^* T$$

$$d^* T = 0$$

$$d^* G = 0$$

質量能量守恆自動守恆(源的守恆)。根據諾特定理質量守恆的對稱性對應於重力場規範不變性。亦即對應到廣義相對論這規範場論。

值得注意的是敝人認為場比勢(源)更基本，這是一個古典物理的觀念，因為場才有規範不變性且為可量測之物理實體，勢不具規範不變性而似數學操作。有人認為 AB effect 可證明勢比場更基本，但 AB effect 不能排除磁通量 magnetic flux 可能性，場仍更重要。因此不論是規範場論或統一場論的主體都是場。

在前文中，我提出了輻射壓力（熾力）是暗能量導致宇宙膨脹。由於重力，電磁和熾力均被時空所介導，這三個根本力量可以團結的一個公式。我稱此為宇宙場方程式。

在標準理論，電磁是 U（1）。電磁場也可以通過二階張量表示(torsion tensor)：

$$\mathrm{Tuv} = \frac{\delta \mathrm{Au}}{\delta \mathrm{Xv}} - \frac{\delta \mathrm{Av}}{\delta \mathrm{Xu}}$$

（Au 和 Av 是電矢量勢）

綜上所述，我們可以列出這些張量的定義：

愛因斯坦張量：

$$\mathrm{Guv} = -\mathrm{K} * \mathrm{Euv} = \mathrm{Ruv} - \frac{1}{2} g_{uv} R$$

法拉第電磁張量：

$$\mathrm{Fuv} = \frac{\delta \mathrm{Au}}{\delta \mathrm{Xv}} - \frac{\delta \mathrm{Av}}{\delta \mathrm{Xu}}$$

類似愛因斯坦的宇宙場方程，我建議：

$$\mathrm{Guv} + \mathrm{Fuv} = \mathrm{Tuv}$$

$$\mathrm{Tuv} = \begin{bmatrix} -\rho & Ex & Ey & Ez \\ -Ex & Px & -Bz & By \\ -Ey & Bz & Py & -Bx \\ -Ez & -By & Bx & Pz \end{bmatrix}$$

其中ρ為質量能量密度，P 是光壓，E 是電場，B 是磁場，而 xyz 分別表示 x 軸 y 軸 z 軸的分量。以上採用 Geometrized Unit System(Stoney unit): c=8πG=k=e=1 使矩陣各項單位均為 L^{-2} 且應用部分 perfect fluid 的概念於 symmetric part 而 Faraday tensor 則用在 anti-symmetric part，值得注意的是若用此 Stoney unit 單位則像在電磁應力能量張量中，電磁

能量密度就不會放在 T_{00} 的位置。另值得一提是壓力與速度或旋力場(見前章) 成正比例，故把旋力場替換到壓力位置也符合統一場的張量架構。

$$\text{Euv} = \left(-\rho_m + \frac{P}{c^2}\right) UuUv - P g_{uv}$$

其中 Uv=(c,0,0,0) g_uv=(1,-1,-1,-1) $\rho \ = \rho_m c$^2且由本書所述動量項或是剪應力項帶入電場或磁場是合理的。因為將時間取正宇宙才向未來前進有因果關係。

愛因斯坦在他的書廣義相對論中的定義：

R = g ^ uvRuv 和 g_uv * g ^ uv = I

於四維時空中我們可以得到

$$Guv = -K * Euv = \left(\frac{-2\mu}{c^2}\right) Euv$$

（Ruv = 黎曼曲率張量；球體表面）

愛因斯坦場方程也可依希爾伯特作用量依最小作用量原理推導出：

$$S = \frac{c^4}{16\pi G} \int R \sqrt{-g} d^4 x$$

值得注意的是，愛因斯坦最初引入了宇宙常數於愛因斯坦場方程，因為他認為我們的宇宙是一個靜態的宇宙。不過，哈勃觀察到宇宙實際上是加速擴張。因此，宇宙常數的項目應該被忽略。弗里德曼省略了愛因斯坦場方程的宇宙常數，他發現這個方程的解決意味著我們的宇宙要么膨脹或收縮。這符合了我們觀察宇宙正在膨脹。

$$Ricci\ flow = -Ruv + \frac{1}{2}g_{uv}R = K * Euv = -\lambda g$$

Ricci 里奇流是使用佩雷爾曼證明龐加萊猜想的一個概念。通過 Ricci 流的特性，正λ可以收縮到一個點，負λ可以擴大（里奇 = 常數λ * 度量 g_uv）。由 perfect fluid 公式可知當光壓項佔及優勢時使宇宙不斷擴大。當質量比輻射壓優勢，ρUuUv 比 pg_uv 大。然後，由於 Ricci 流宇宙會收縮。當輻射壓比質量優勢，ρUuUv 比 pg_uv 較小。宇宙將擴大到最大值。這個公式可以證明我們的宇宙是輻射壓主導宇宙膨脹。

由於愛因斯坦場方程是可對角線化的對稱張量，因此可用理想流體來代表：

$$T_{\alpha\beta} = (-\rho, Px, Py, Pz) = (-\rho c^2, \rho cVx, \rho cVy, \rho cVz)$$

可以知理想流體為四向量有洛倫茲不變性（由閔可夫斯基內積看出）：

$$\rho^2 - P^2 = constant$$

當 v=c 時

$$-\rho = P_x = P_y = P_z = p$$

此時閔可夫斯基內積:

$$\rho^2 - P^2 = 0$$

此為類光矢量，也說明光壓即暗能量的合理性。

因此廣義相對論除了有廣義協變性以外也有洛倫茲不變性。由於：

$$P = \rho c V \propto \frac{S}{2}$$

$$S = Curl\ 2A$$

$$\frac{S}{2} = Curl\ A$$

且套入洛倫茲規範：

$$A^{\alpha} = \left(-\frac{\varphi}{c}, A\right)$$

$$\nabla \cdot A - \mu\varepsilon \frac{\partial \varphi}{\partial t} = 0$$

可得：

$$\nabla \cdot g = -\nabla^2 \varphi = -\frac{\rho}{\varepsilon}$$

$$\nabla^2 \varphi = \frac{\rho}{\varepsilon}$$

$$\nabla^2 A = -\mu j$$

$$A^\alpha = \left(-\frac{\varphi}{c}, A\right)$$

$$j^\alpha = (-\rho c, j)$$

A^α和J^α一樣有內積不變量的勞倫茲不變性。且可得旋力場旋度與重力場散度馬克士威方程式：

$$-\nabla^2 A^\alpha = \mu j^\alpha = \frac{c}{2} k T_{\alpha\beta} = ck\left(T_{\alpha\beta} - \frac{1}{2} g_{\alpha\beta} T\right)$$

(當$\alpha = \beta$ perfect fluid)

類似於法拉第張量一樣由比安基恆等式可得似馬克士威方程如反對稱有關如重力場旋度為零，且非重力場貢獻之能量動量為零如旋力場散度為零(能量動量守恆與角動量守恆)：

$$R_{\alpha\beta[\gamma\delta;\varepsilon]} = 0$$

$$\partial_\gamma T_{\alpha\beta} + \partial_\alpha T_{\beta\gamma} + \partial_\beta T_{\gamma\alpha} = 0$$

$$T^{\alpha\beta} = T^{\beta\alpha}$$

$$\partial_\beta T^{\alpha\beta} = 0$$

$$(x^\alpha T^{uv} - x^u T^{\alpha v}), v = 0$$

$$\partial_\gamma J^{\alpha\beta\gamma} = 0$$

目前，標準模型成功的描述粒子基本力。它成功地預測Z和W粒子的質量。它團結電磁，弱力和強力：U（1）XSU（2）XSU（3）。電磁介導 U（1）是量子電動力學

（QED）。不過，我建議，QED 是錯誤的。因此，U（1）應只是指光子。因此，新的 U（1）XSU（2）XSU（3）聯合光，弱力和強力。統一的基本結構不改變。U（1）仍然是一個規範理論由光玻色子介導的。SU（2）也是規範理論由 W+，W 和 Z 玻色子介導（3 維 = 2 ^ 2-1）。SU（3）也是規範理論由 8 個膠子玻色子介導（8 維 = 3 ^ 2-1）。

拉格朗日

$$L = \int \left(\frac{1}{y^2}\right) Y_{uv} Y^{uv} + \left(\frac{1}{w^2}\right) trW_{uv} W^{uv} + \left(\frac{1}{g^2}\right) trG_{uv} G^{uv}$$

1. U（1）規範場 Y 中的耦合 Y（弱超荷或弱 U（1））
2. SU（2）規範場 W 和耦合 W（弱 SU（2）或弱位旋）
3. SU（3）規範場 ġ 與耦合 g（膠子或強色荷）

在上述公式中，光子是 Y，W / Z 粒子是 w 和膠子是 g。

標準模型是根據楊米爾理論：

$$Fuv = \partial uAv - \partial vAu - [Au, Av]$$

U（1）xSU（2）xSU（3）

而宇宙場方程式：

$\boldsymbol{G + F = T}$

G 介導時空曲率（質量和輻射壓），F 介導時空撓率（電荷）和 T 為合併後張量。

十、成對產生（Pair production）

眾所周知 γ 射線可以與其它伽馬射線或核原子相撞產生電子和正電子對。在此過程中，能量應守恆。每個電子或正電子具有相同的靜止質量能量：511kev，所以總靜止質量能量 1022kev。因此，對於兩兩迎面相撞之每個伽馬射線束應該是 511kev。在光子核成對生成，伽瑪射線的能量是1022kev。為了滿足能量守恆定律，公式是：

$E = hf = 2mc^2$

$E=h/T$

$h=(+T)(+mc^2)+(-T)(-mc^2)$

（E = 能量，H = 普朗克常數，F = 波的頻率，M = 靜止電子質量，+/-T=正負週期(時間)，C = 光速，$2MC^2$ = 正 + 反粒子靜止質量能量, $+MC^2$ =正粒子靜止質能，$-MC^2$ =負粒子靜止質能）比較於測不準原理($T=2\pi X/c=2\pi * t$)：

$$E * t \geq {}^{1}/_{2}\, h'$$

上述公式符合實驗觀察。但是，每個光子不僅有頻率，還有振幅構成電磁波能量密度 εE^2。而帶電粒子有各自的靜電能量。因此，合理假設電磁波密度εE^2轉化為電荷靜電能量。只有這樣成對生產過程中的總能量才會守恆。因此，初始 EM 波的能量密度應與成對製造後的電荷能量密度相同。

最初的 EM 波的電場能量密度為 S = 1 / 2εE^2包括電場和磁場的分量。（S = 能量密度（每單位體積的能量），ε = 電滲透常數，E = 電場）

EM 波的總能量密度

$$S = \frac{1}{2}\left(\epsilon E^2 + \frac{B^2}{\mu}\right)$$

B = E / C, S = 1 / 2 εE ^ 2

值得指出的是，能量密度（焦耳/立方公尺）等於每單位面積（N / 平方公尺）受力。

電子是一個小的導電性球體。它的電荷應該平均分配在球的表面上。因此，合理假設電子應該像一個空心球。電子的靜電能量應該是：

$$E = \left(\frac{1}{2}\right)\frac{KQ^2}{r}$$

該球體上的表面電荷淨力為：

$$F = \left(\frac{1}{2}\right)\frac{KQ^2}{r^2}$$

電子的靜電力：

$$dF = Edq$$

$$E = \frac{kq}{r^2}$$

$$dF = \frac{kqdq}{r^2}$$

$$F = \left(\frac{1}{2}\right)\frac{kq^2}{r^2} = \left(\frac{1}{2}\right)\left(\frac{\mu}{4\pi}\right)\frac{c^2q^2}{r^2} = Fe$$

由於能量密度等於力每單位面積，中空電子球體的能量密度應等於初始能量密度：

$$\mathrm{S} = 1/2\epsilon\mathrm{E}^2 = \left[\frac{\mathrm{KQ}^2}{2\mathrm{r}^2}\right] \div (4\pi\mathrm{r}^2)$$

因此，

$$\mathrm{E}^2 = \left(\frac{\mathrm{KQ}}{\mathrm{r}^2}\right)^2$$

此外，我們還可以發現粒子的重力關連到它的輻射波重

力場

$$S = \frac{g^2}{8\pi G} = \left[\frac{GM^2}{2r^2}\right] \div (4\pi r^2)$$

因此，

$$g^2 = \left(\frac{GM}{r^2}\right)^2$$

當費米子輻射，其輻射波的電場和重力場相同於原始粒子的電場和重力場，因此，可以預測用於產生質子反質子或中子反中子的伽馬射線振幅應是不同的。儘管質子和中子具有相同的質量，用於產生質子反質子或中子反中子伽馬射線頻率應該相同。然而，質子-反質子，需要更多的能量來進行合成。

在文章的第二部分，我想在成對生產過程中推導基本粒子半徑。我將表明，粒子大小取決於它的質量，光速，和普朗克常數。

根據敝人推導的相對論角度變化，費米子的旋轉能量為靜止質能 E=mc2 的一半。

$$\mathrm{E}=\frac{1}{2}mc^2=\frac{1}{2}I\omega^2$$

又

$$\mathrm{I}=\mathrm{m}R^2$$

$$\mathrm{C}=\mathrm{R\omega}$$

電子等費米子以光速自旋

或

光子的角頻率等於粒子（反粒子）角自旋速率：

由於能量-動量的關係是：

$$\left(\frac{E}{c}\right)^2-p^2=(mc)^2$$

此外，速度四向量：

$$\|U\|=\sqrt{|U^uU_u|}=c$$

這意味著該靜止質量的速度四向量大小範數總是正好等於光速，所有的靜止質量可以被認為是以光速在時空移動。電子基本粒子均以光速自旋。

因此，

C = R * W

（C = 光速，R = 粒子半徑，W = 自旋角速度）

又總角動量守恆

h'：$L_0 = L_1 + L_2$

（L0：光子的角動量，L：粒子的角動量，L2：反粒子角動量；L1 = L2），$L_0 = 2L_1 = h'$

因此

$L_1 = L_2 = 1 / 2h'$

或者我們可以用量測的結果說明費米子角動量是為 1/2h’

又

$$L = \mathrm{Rmc} = \frac{1}{2}h'$$

故可導出費米子的半徑為何

因此，

電子半徑 R = h' / 2MC（請參閱參考資料）

電子直徑 D = h' / MC

由於費米子的角動量是 RMV，基本粒子自旋為 1/2h’（V = C）。因此，自旋由半徑，質量和速度來決定。這可以解決質子的自旋危機。最初，研究人員認為質子的自旋是夸克的自旋。然而，他們發現夸克自旋和質子自旋的差異。因此，質子自旋應當是從有質量之膠子獲得的。在後面的章節中，我將討論從希格斯機制如何使膠子獲得質量。

質子帶正電荷。其磁矩是總電荷而來（磁極強度乘以長度）。因為質子是費米子，它的三個夸克應安排如下面的模式（+代表 SN 方向,-代表 NS 方向）

+- +

或

SNS

NSN

或

UDN

由於淨總電荷是 1（+3 / 3）時，磁矩為質子是（+3 / 3）* R

中子是一種中性的帶電粒子。其磁矩是由中子粒子本身的旋轉而來。它的三個夸克排列應該是：

- + -

或者

NSN

SNS

或

DUD

中子磁矩是從它的旋轉負夸克而來。因此，它的淨磁矩是 -1 / 3 * 2 * R = -2 / 3 * R。值得注意的是，所有在質子或中子中這三個夸克在相同的方向旋轉。上夸克若與下夸克同方向自旋產生反向磁矩，而淨 spin 為三夸克自旋之和減去一個 Pi 介子或膠子自旋(1/2*3-1=1/2)。因此，質子和中子之間的淨磁矩比為 3 / 2 = 1.5。符合實驗觀察。它解釋了自旋危機問題。費米子自旋均為 1/2h'(來自 r=h'/2mc, L=rmc)。

在這裡，我想向大家介紹有關的自旋角動量 4 向量的概念。向量是：

$$(rxE/c,Jx,Jy,Jz) = (rmc)^2$$

對於費米子($E=mc^2$ 而自旋為 1/2h')，由於旋轉不變性，rmc = 1 / 2h'。因此，r = h' / 2mc。我們也可以得出基本的粒子

的半徑。然後

$(h')^2 - J^2 = (1/2h')^2$，所以

$$J = \frac{\sqrt{3}}{2}h'$$

我們稱之為 J 代表一個基本粒子的總自旋角動量。

此外，我們還可以得出光子的直徑。由於光子的角動量為 h'，是自旋角動量 4 向量的第一個項目。並根據角動量方程：

$$h' = rxp = \frac{rxE}{c} = \frac{rxhf}{c}$$

我們可以得到 $r = \lambda / 2\pi$。這是光子的半徑。因此，光子的直徑取決於其波長。光子的周長為 λ。我們也可以導出時間和空間關聯性。

$$\lambda = 2\pi X = \frac{c}{f} = ct$$

我們可以用它來修改當前的散射理論。輻射的散射取決於一個尺寸參數：

$$\alpha = \frac{R}{\lambda/2\pi}$$

如果阿爾法<< 1，這是瑞利散射。如果阿爾法 = 1，這是

米氏散射。此二者為彈性散射。如果阿爾法>> 1，這是幾何散射如康普頓散射為非彈性散射。因此，該 α 因子取決於散射粒子半徑 R 和光子半徑 λ / 2π。比較散射粒子和光子的大小，可以得到不同的散射圖案。例如，康普頓散射，

$$\frac{\lambda'}{2\pi} - \frac{\lambda}{2\pi} = \frac{h}{2\pi mc}(1 - \cos\theta)$$

我們可以看到，散射圖案也取決於光子半徑 λ/2π 和電子的半徑 h' / 2MC。

除此之外，由於光子在其波長 λ 自旋一圈。光子角速度實際上就是它的角頻率 W（= 2πF）。因此，光子的最大線性旋轉速度為 V = R * W =（λ / 2π）*（2πF）= C = 光速。

而且，光子的能量 E 是它的自旋角動量 h' 乘以角速度 W.（E = h'W）

所以，有康普頓波長（h' / MC）和顆粒大小之間的關係。我的演繹符合相關實驗觀察。理論認為希格斯機制給出了所有粒子的質量，我認為這個理論是正確。我認為，所有的粒子都源自光子-光子成對生產與希格斯轉化而來。在早期宇宙，時空維度是相當小的，所以光子-光子成對生產產生基本粒子可能性要高得多。

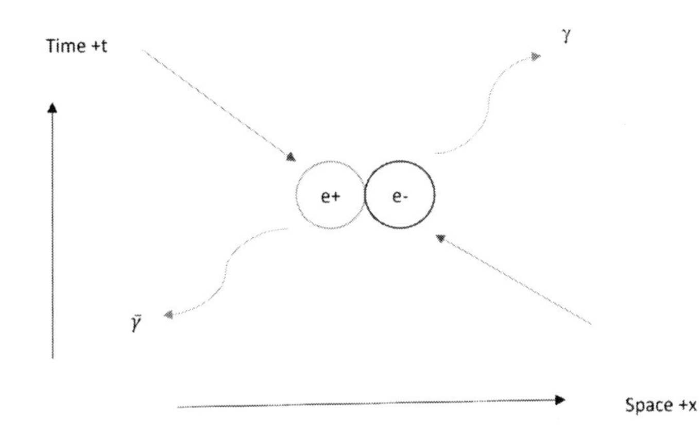

狄拉克的量子力學的最偉大的成就是，他得到的電子的自旋磁矩。但是，我認為量子力學是錯誤的。電子自旋磁矩公式可以成功解釋塞曼效應。我們也可以使用上述概念導出電子的自旋角動量 RMV

電子的磁矩可由將電子看作為一個小磁鐵

m = P * l

電子北極，磁性強度為 +P 它等於電子的南極磁場強度 -P。電子的總磁場強度是 QV(Pole strength)

電子極磁場強度 P = 1 / 2QV = +P = -P

兩桿距離 L = 2R

因此，磁矩 m 為 QVR

或者根據 Biot-Savart Law 的 2D 磁場：

$$B=\left(\frac{\mu}{2\pi}\right)\frac{QV}{r^2}\times\hat{r}=\left(\frac{\mu}{2\pi}\right)\frac{P}{r^2}\times\hat{r}$$

又 3D 磁力場：

$$B=\left(\frac{\mu}{4\pi}\right)\frac{QV}{r^2}\times\hat{r}=\left(\frac{\mu}{4\pi}\right)\frac{P}{r^2}\times\hat{r}$$

又磁力：

$$F=\nabla(m\cdot B)$$

當我們引用磁力計算會發現 2D 磁矩 m 是 1/2rQV 而 3D 磁矩 m 是 rQV，電子應該用 3D。或可類似角動量：

$$\int d(r_i\times qv_i)=\int dr\times qv+\int r\times dqv$$

由於矢量方向 dr 與 v 的向量方向相同，上述式中的第一部分是零。

$$\int d(r_i\times qv_i)=\int r\times dqv=\int r\times qdv+\int r\times vdq$$

由於矢量方向 r 與 dv 矢量方向相同，上述式的第一部分也為零。不存在叉積。

$$\int d(r_i\times qv_i)=\int r\times vdq=R\times V\int dq=RQV$$

也可導出電子自旋磁矩 m=rQV=(h’/2mc)Qc=(Q/m)S，不須要 g factor 校正，古典的電子磁矩沒有考慮到 2D 和 3D 的

Biot-Savart Law 差了因子 2，所以才有不同結果。至於質子與中子則是夸克複合子需要另外計算。我們知道磁力 F=QVxB，因此 QV 可類比於 MV 而當成一新物理實體看待而不僅有 pole strength 的意義。此外，因為庫倫電力與磁力公式，可知電能是成與 $4\pi R^2$ 也就是圓球表面積反比例分佈的，這會使電子或質子等帶電的基本粒子成為圓球狀，這與重力為何使恆星、行星、或衛星成圓球狀的原因相同，所以地球也是圓球狀的。超弦理論說電子是成線狀或弦狀，而量子力學說電子成雲狀(電子雲)都不是正確的。超弦理論的發展是為了統合量子力學和相對論，但是其基本假設卻違背了量子力學，而且它假定我們的空間有十一維以上且還要有超伴子等基本粒子存在，這都與事實不符，因此超弦理論不是正確的。

最後，我會嘗試解開 137 之謎，137 是電磁相互作用的耦合常數。然而，為什麼是 137 了解甚少，已知精細結構常數：

$$\text{Alpha} = \frac{KQ^2}{h'c} = \frac{1}{137}$$

由於費米粒子半徑為是 R = h' / 2MC。因此，該精細結構常數改為：

$$\text{Alpha} = \left(\frac{KQ^2}{2r}\right) \div (mc^2) = \frac{1}{137}$$

因此，我們可以看到，alpha是電子/質子的靜電能量和自己的靜止質量能量 MC^2 之間的比率。因此，為什麼 137 分之 1 是電磁相互作用的耦合常數。

最後再敘述關於 137 精細常數之謎另一關係式：如一費米子以光速自旋有向心力：

$$F_c = m\frac{c^2}{r}$$

而其因帶電荷有排斥電場力：

$$F_q = \frac{KQ^2}{2r^2}$$

則：

$$\frac{F_q}{F_c} = \frac{1}{137}$$

這是精細結構常數又一意義，費米子凝聚的向心力要大於排斥的庫倫力。

在這裡，我要摻入希格斯機制，強相互作用，並與弱相互作用中的生產模式。因此，我們可以嘗試解釋為什麼基本顆粒具有離散的質量和電荷。

在光子碰撞，兩個光子能停止以與 Higgs 粒子交互作用。這也適用於光子核合成。只有當光子停止時，它可以與 Higgs粒子相互作用。光子是光子本身的反粒子。因此，光子碰撞等於光子反光子湮滅。

同理，無質量 Z 玻色子由希格斯玻色子獲得質量，成為兩個有質量 Z 玻色子。因為 Z 玻色子是非常不穩定的，它可以很容易地衰變成一個費米子-反費米子對諸如夸克反夸克。W 玻色子也通過希格斯機制獲得質量。W 玻色子也是非常不穩定的粒子。它可以很容易地衰變成輕子和中微子。尤其，W-玻色子會衰變成負電子對加反中微子。由於中微子與反中微子弱作用宇稱不守恒，原子核先放出 Pi-介子再形成 W-玻色子，而 W-玻色子的衰變是輕子和微中子能形成的主因。因為 W-玻色子具有質量，最後衰變形成的輕子和微中子也會具有質量，所以為什麼微中子具有質量，這補足了標準模型的不足。而根據質量守恆，Pi-介子衰變產生的緲子或電子以及反微中子的質量為中子與質子的質量差。

此外，較大的緲子或陶子質量可衰變成質量更小的電子。大質量顆粒是不穩定的。此外，正負電子合成需要最少的能量與希格斯相互作用，所以有更豐富的電子和正電子。由於希格斯玻色子具有獨立的質量，從希格斯機制的基本顆粒也有質量一定的值。然而，希格斯的質量仍需要通過 LHC

來決定。值得注意的是，我們可以使用兩個 511kev 的 γ 射線，以產生一個正電子-電子對。不到所需的產生 W + W-對的能量。然而，由於不確定性原理，能量可以從真空借用和退還回來。因此，中微子-反中微子對湮滅後，將返回借來的能量。因此，仍然保留能量守恆。

重要的是要知道，中微子主要是從大量 W 或 Z 玻色子而來。在原有的標準模型，科學家們認為中微子應是無質量的。然而，如果中微子實際上是從 W 或 Z 玻色子的衰變而來，他們應該有質量。由於電子和中微子乃由 W/Z 玻色子的衰變產生，這有助於了解全同粒子的概念。值得注意的是因為費米子半徑公式：R=h'/2mc，因此粒子尺寸與其質量成反比，微中子不可能同時又小又輕，若微中子需保持小尺寸，那其目前的預估質量是被低估了。

在高能量光子碰撞，膠子與希格斯機制互動。因此，膠球可以產生核子，如夸克-膠子體的質子或中子。得到希格斯玻色子質量後產生大量的膠子。膠子與夸克耦合能行形成膠子夸克漿而中子反中子對能從中生成。然而，質子-反質子，也有可能產生。如果產生自由中子，它可以很容易地通過弱相互作用與釋放一個 W-色子衰變成質子。因此，質子具有一個單元電荷。其他較大質量的強子也可以通過這種機制產生。然而，更大質量的強子是不穩定的，他們可以很容易地衰變成具有最小質量的質子或中子。W/Z 玻色子是所有三代夸克、三代電子、與三代微中子的由來。最大質量的頂夸克t (173Gev/c^2)可看作是 W 玻色子(80Gev/c^2)與 Z 玻色子(91Gev/c^2)結合而來。如：

$$t(r) \to b(r) + W^+$$

$$W^+ + Z \to W^+ + b(r) + \bar{b}(\bar{r}) \to t(r) + \bar{b}(\bar{r})$$

反底夸克$\bar{b}$的質量為-4Gev/c^2，而且 W/Z 玻色子和頂夸克半衰期均為 3-5x10^{-25}sec，與上式推測吻合。我們再來看一下夸克的湯川交互作用：(可知湯川勢拉格朗日)

$$L_{yukawa} = m_u \bar{u}_L u_R + m_d \bar{d}_L d_R + m_e \bar{e}_L e_R$$

$$m_u = \frac{1}{\sqrt{2}} y_u v$$

$$m_d = \frac{1}{\sqrt{2}} y_d v$$

我們知道希格斯期望值 V=250Mev 帶入，首先用強力耦合常數 Yd=1：則 m=176.8Gev 約莫是頂夸克質量。再來用電磁耦合常數 Yd=1/137：則 m=1.29Gev 約莫是魅夸克質量。接著用弱耦合常數 Yd=1/1836：則 m=96Mev 約莫是奇夸克質量。若我們用底夸克質量除以 1836：則 m=2.2Mev 約莫是上夸克質量，而用希格斯期望值除以 137：則 m=1.8Gev 約莫是濤子質量。若我們將 W 及 Z 玻色子綜合質量 170Gev 除以

137：則 m=1.25Gev 約莫是魅夸克質量，若除以 1836：則 m=92.5Mev 為有色膠子的質量，若我們將 W 及 Z 玻色子綜合質量 170Gev 先乘以根號 2 再除以 137：則 m=1.75Gev 約莫是濤子質量，若除以 1836：則 m=130Mev 為中性膠子或π介子的質量。若我們將電子質量 0.511Mev 乘以 137 當基數則緲子質量(105Mev)為此 1.5 倍。因此用此法可大幅減少標準模型所需參數。

最後，我想談一談成對生產的 CPMT-G 對稱性。在此過程中，對稱性通常發生。這些對稱包括電荷共軛（C 對稱），奇偶對稱或宇稱（P 對稱），時間對稱（T 對稱），和旋轉對稱（G 對稱）。在這裡，我在這裡提出了電荷共軛和奇偶對稱實際上是一回事。在成對生產，相反（右或左）一維空間定位（R 或-R）的物質和反物質給他們帶來相反的電荷。空間另與動量有相關性。因此，我說成對生產過程中電荷的正負符號乃根據自己的空間定位。基於電荷相對論，正負電荷產生正好相反的時空渦流（順時針或逆時針）。CP 通常是耦合的互相關聯。由於微中子不帶電荷，因此其 CP 對稱會發生問題，造成弱作用宇稱不守恆。而且微中子是基本粒子沒有磁矩，否則微中子將參與電磁作用被原子核吸引，此與事實觀察不符。電子因微中子關係故弱作用也宇稱不對稱。吳健雄實驗認為弱作用宇稱不對稱，如 K 介子和 B 介子衰變的宇稱不守恆，她的實驗是用鈷 60 貝他衰變。

$$n \rightarrow p + e + \bar{v}$$

根據敝人理論在原子核中質子和中子的自旋方向是相同的，因此核內中子衰變成的質子此二者自旋方向仍相同，但是衰變出的貝他粒子即電子的自旋方向就會和質子相反，因此造成觀測到弱作用宇稱不守恒的情形。假設正電荷：

$$\text{Fuv} = \begin{bmatrix} 0 & Ex & Ey & Ez \\ -Ex & 0 & -Bz & By \\ -Ey & Bz & 0 & -Bx \\ -Ez & -By & Bx & 0 \end{bmatrix}$$

則負電荷為其轉置矩陣：

$$\text{Tuv} = \begin{bmatrix} 0 & -Ex & -Ey & -Ez \\ Ex & 0 & Bz & -By \\ Ey & -Bz & 0 & Bx \\ Ez & By & -Bx & 0 \end{bmatrix}$$

可以看出在 XYZ 三個軸上正好符號都相反，而宇稱 parity 轉換的定義：

$$(X, Y, Z) \rightarrow (-X, -Y, -Z)$$

因此為何電荷對稱耦合於宇稱對稱合稱 CP 對稱。

至於對於 T 對稱，成對生產過程中，物質和反物質由於時間對稱性產生。正如理查費曼的建議，正物質是產於正時間箭頭（+t）而反物質產生於反轉時間箭頭（-t）。反物質是時間反演產品（時間向後）。因此，由於時間反轉與否，物質和反物質，給出相反的輕子數和重子數。這很重要，因為反物質違背我們目前的單向時間箭頭而且有負能量和負質量。因此，反物質是非常不穩定的並且具有非常短的壽命時間。反物質將在很短的時間內消失，因為它們違反因果（時間關係）。這是最主要的原因，正物質比反物質在我們的宇宙中更多得多。因此，在星系，反物質不易被發現。這是因為反物質不能在我們的宇宙的正時間箭頭生存。T 對稱則與質能相關，反物質為逆著時間軸走的負質量與負能量，因此正反物質將完全對稱。狄拉克當初由能量動量關係：

$$E^2 = (mc^2)^2 + (pc)^2$$

可得到能量有一正解也有一負解，所以有負能量，後來才發現有正電子這個電子的反物質，而費曼則指出反物質是逆著時間軸走的。由於質能相關，帶有負能量的粒子必然有負質量。筆者統合二者，提出反物質是逆著時間軸走的負質量能量。廣義相對論有所謂正質量原理，但此原理要在因果關係架構也就是正的時間軸才成立，因此逆著時間軸走的反物質仍可帶有負質量和負能量。我們目前測得反物質有正質量和正能量是因為我們用正時間軸來量測。根據測不準原理：

$$E * t = (-E) * (-t) \geq \frac{1}{2}h'$$

只有在能量 E 與時間 t 同時變了符號也就是負能量-E 和負時間-t，這個對稱性才會使能量時間測不準關係不等式仍然成立。這同理可以看為何動量 P 與位移 X 有對稱性及角度θ與角動量 L 有對稱性。

$$X * P = (-X) * (-P) \geq \frac{1}{2}h'$$

$$L * \theta = (-L) * (-\theta) \geq \frac{1}{2}h'$$

整體 CPT 仍是守恆的。我們可再看看能量時間關係如相對論：

$$E' = \frac{mc^2}{\sqrt{1-\left(\frac{v^2}{c^2}\right)}} = E * \frac{dt}{d\tau}$$

最右項 E 為靜止質能而分母為原時τ，兩者不變。因此當時間 t 變成-t，則其能量 E'也必然變負號同時也變成負質量。我們可檢視費米子和光子：

費米子時($E=mc^2$)：

$$mc^2 * t = (-mc^2) * (-t)$$

由於光速平方必為正值故反粒子費米子質量必為負質量而非常不穩定(因為會違反相對論正質量因果定則)。

光子時(E=h’ω)：

$$h'\omega * t = (-h'\omega) * (-t)$$

光子是自身的反粒子而且不帶質量因此只要變動自身的自旋角動量方向由+h’變成-h’就能成為穩定傳播玻色子。此假設正反光子角頻率均為正值。頻率 f 與時間 t 同變號而同理變號順轉成逆轉角度2π。

$$\omega = 2\pi f = (-2\pi) * (-f)$$

所謂相對論性質量：

$$M' = \frac{M}{\sqrt{1-\left(\frac{v^2}{c^2}\right)}} = M * \frac{dt}{d\tau}$$

這是一個令人困惑的概念，所謂質量會隨著速度接近光速則質量變無限大，不見得如此，由上公式可見這種增加其實只是反映相對論的時間膨脹效應而已，當物體速度接近光速則時間膨脹接近無限大。質量不變而是時間變了。而由時間膨脹公式可知當速度超過光速則時間會變虛數導致能量無限大的結果(同 Einstein-Stern formula)，因此速度最快值只能為光速。質量對稱是 M 對稱與 T 對稱一回事，因此是 CP-MT 對稱。

最後對稱性就是 G 對稱。這是旋轉對稱關係。所謂的同位旋一個概念解釋了這種對稱性。質子和中子具有除電荷以外的類似特徵。因此，質子和中子涉及旋轉對稱。介子也參與了這種對稱性。磁力(磁矩)和旋力(角動量)均與旋轉有關。因此，如果我們把上述這些發現合一，我們可以得到一個新的 RST 對稱乃是旋轉對稱，空間對稱和時間的對稱性。而且，根據對稱性，我們可以修改費曼圖。

此段末可以談談相對論的質量、電荷、以及自旋不變性：質量不變性可由：

$$\rho' \to \gamma\rho$$

$$M \equiv \int dx\rho$$

$$dx' = \frac{dt}{dt'}dx = \frac{1}{\gamma}dx$$

$$M' \equiv \int dx'\rho' = \int dx\rho = M$$

同理把M換成Q可證明電荷不變性。而自旋不變性則是：

$$S = \frac{R}{\gamma} \times \gamma P = \frac{h'}{2mc} \times mc = \frac{h'}{2}$$

■參考資料

1.KokHawKong 電子尺寸推導

http://www.greatians.com/physics/mass/pair%20production.htm

十一、宇宙的誕生和未來（Birth and fate of universe）

宇宙的誕生（Birth of universe）

目前宇宙創造的主流理論是「大爆炸」理論。據認為，我們的宇宙開始於一個大爆炸，並開始擴大。這一理論是由幾個觀測事實的支持。首先，我們的宇宙實際上是膨脹。事實上，我們的宇宙加速膨脹。這表明，宇宙是從一個很小的點開始，並擴展到當前的容量。第二，有背景宇宙微波輻射（2.73K）：宇宙射線不相關於星系或太陽旋轉。根據計算，有 3-5ķ 背景黑體輻射，則宇宙的起源有幾十 K 溫度。因此，它表明宇宙的開始是高溫的。根據這兩個主要的原因，宇宙大爆炸理論是最被接受的宇宙理論。不過，大爆炸理論有一些尚未解決的問題。我建議 lightity（輻射壓）是宇宙膨脹的真正原因，我會用這個概念來進一步討論宇宙的創造。

在霍金的理論，他認為宇宙是從一個黑洞蒸發而來。他的理論推導是完整的，即黑洞可以發出輻射，最終失去了所有的信息。這是盎魯-霍金效果不可避免的結果。問題是，產生了黑洞信息失去悖論。我們知道，黑洞可以至少有三個信息：電荷，質量和角動量。如果黑洞蒸發的最終形式是熱輻射，電荷，質量和角動量信息到哪去了？而且，如何處理其他類似玻色子如膠子或 W / Z 粒子？在後面的章節中，我提出了一個統一場論完全整合電磁，重力，旋力，熱，光。因此，由於盎魯-霍金效果，黑洞加速度轉化成熱量，也意味著電，磁，重力，角動量，線動量轉化為熱和光。在此方程的更一般的形式中，我們也可以解釋膠子或 W / Z 粒子輻射。因此，不會丟失信息。這解決了黑洞信息失去矛盾。有黑洞及黑洞輻射，而且還有保存的信息。它不違背李維定理。霍金解釋為何有黑洞輻射，若在事件平面附近有正反物質粒子對因測不準原理而形成，正物質帶有正能量可脫逃而反物質帶負能量無法脫逃而掉入黑洞，反物質的負質量使黑洞質量減少，這就是為何有黑洞蒸發的原因。根據 Runaway motion 理論，兩個正質量互相吸引而兩個負質量互相排斥。若是一正一負質量，則正質量會被負質量排斥而負質量會被正質量吸引，所以可知為何巨大質量的黑洞能吸引四方帶負質量的反粒子。一般成對產生沒有發現反粒子帶負質量，可能是因為正反粒子間的電荷吸引作用遠大於質量互相作用。如果原單位空間-普朗克細胞是一個黑洞，霍金輻射將造成大霹靂。因此，普朗克細胞的長度必須類比 Schwartzchild 半徑。而 Schwartzchild 半徑=$2GM/c^2$，此常數與二維旋力的常數都是

$2G/c^2$ 而意味黑洞也是二維平面只有面積而無體積(故體積無限小)，此也可解釋為何霍金的黑洞熵公式為何只包含了黑洞的面積來計算總黑洞熵，而人類首次觀察到的黑洞照片也暗示其是平面狀的。

因此，在開始的宇宙中，必須有一個最大可能的普朗克質量，以使最小黑洞形成。如果一個黑洞形成在宇宙的開端，最大普朗克溫度將有宇宙的膨脹會發生。

那麼，在宇宙的開端到底發生了什麼？在這裡，我將提出一個理論，我把它稱為「亞當夏娃」理論。我們的宇宙其實是由避免黑洞的形成創造出的。「亞當」和「夏娃」是分別由上帝根據聖經創造的第一個男人和女人。為了說明我的理論，我需要在這裡介紹普朗克尺寸的概念。我的理論是有一個叫「亞當」粒子和另一個反粒子命名為「夏娃」在宇宙的開端。這兩個「亞當」和「夏娃」具有普朗克質量。如果「亞當」普朗克超過普朗克質量，重力奇點會出現，形成一個黑洞。於是，便有了允許「亞當」和「夏娃」的最大允許質量。而這兩個普朗克質量電荷是由兩道普朗克頻率的光對撞產生。在中國道教，自然的起源是由於「陰」和「陽」。我們也可以稱之為「亞當」為「陽」或「夏娃」作為「陰」。這兩個原始粒子，「亞當」具有正電荷和「夏娃」有負電荷。在開始的時候是最小時空的普朗克空間，「亞當」和「夏娃」相撞對方。然後，一個巨大的粒子-反粒子湮滅發生並產生黑洞輻射。這個過程就是實際的「大爆炸」。黑洞輻射或巨大的湮滅產生的最高的普朗克溫度。根據輻射壓力（萬有熾力：$P = KT^4 / C$），宇宙開始擴大。時空開始拓展：

普朗克質量的計算公式是

$$Mp = \sqrt{\frac{h'c}{G}} = 2.176 * 10^{-8} kg$$

這是由於原始大小的質量（半徑）必須超過史瓦西半徑，以造成最小可能黑洞的形成：

$$\frac{h'}{2mc} \geq \frac{2Gm}{c^2}$$

因此，

$$Mp \leq \sqrt{\frac{h'c}{4G}} = 1.088 * 10^{-8} kg$$

此外，在這普朗克時代原始質量有普朗克電荷。普朗克電荷計算公式是：

$$Qp = \sqrt{\frac{h'c}{K}} = 1.88 * 10^{-18} \text{coulomb}$$

我們可以說普朗克粒子「亞當」具有正的 Qp 和反粒子「夏娃」有負的 Qp，而根據普朗克密度($5x10^{96}kg/m^3$)此兩物是固體不像氣體一樣本身會爆炸：

此外，最小可能的普朗克長度是普朗克質量的直徑

$$Lp = \frac{h'}{2mc} = \sqrt{\frac{h'G}{c^3}} = 1.616 * 10^{-35} \text{meter}$$

宇宙開始之時陰陽由普朗克頻率成對產生：

$h'\omega=2Mp*c^2$

$$\omega = \sqrt{\frac{c^5}{Gh'}}$$

但是空間的最小單位應該是普朗克長度的兩倍，其大小為普朗克質量的直徑：

$$L_h = \frac{h'}{mc} = \sqrt{\frac{2h's}{c}}$$

而已知重力波

$$g = -\sqrt{\frac{h'G}{c^3}}\,\omega^2$$

由於右側的第一項是單位空間即普朗克長度（lp），我們可以重新寫出下式為：

$$g = -l_p \omega^2$$

因此知道光波是以空間最小單位一半為振幅做簡諧運動

我們也知道，旋力場 S = 2G / ω。因此，光也可以攜帶旋力場：

$$s = -2l_p\omega = -l_{\hbar}\omega$$

重力波振幅為普朗克長度（lp）而其路徑長度（Path length）為$l_{\hbar}$

另外最小時間單位普朗克時間即 Lh 除以光速 c，而真空零點能為普朗克空間的基本振動頻率。宇宙起始由兩道普朗克頻率的光產生兩個普朗克質量-電荷再坍塌成原始黑洞，原始黑洞發生霍金輻射而產生普朗克溫度也就是大爆炸。

此原始粒子-反粒子可以產生普朗克溫度：

$2Mp*c^2=K*Tp$

普朗克溫度是宇宙的最高溫度

$$Tp = \sqrt{\frac{h'c^5}{GK^2}} = 1.417 * 10^{32}\,K$$

普朗克時間乃由所形成的輻射傳遞於普朗克長度來定義

$$t_p = \frac{Lp}{c} = \sqrt{\frac{h'G}{c^5}} = 5.39 * 10^{-44}\,sec$$

$$t_h = \frac{Lh}{c} = \sqrt{\frac{2h's}{C^3}}$$

新普朗克時間和新普朗克長度是我們宇宙時空的最小單位。而且，在我們的宇宙普朗克溫度是最大可能的溫度。值得一提這裡的愛因斯坦的說法。愛因斯坦的廣義相對論表明，時空不能沒有物質的存在。萊布尼茨也提出了相對時空和萊布尼茲等價。單點時空是沒有意義的。因此，兩個質荷（物質-反物質）的普朗克空間內是最原始宇宙。普朗克體積存在，因為它需要原始質荷的存在。

霍金認為，宇宙是一個黑洞。宇宙開始是由兩個原始荷質在普朗克空間湮滅產生的太初黑洞。基於我的上述計算，我們可以看到普朗克體積/長度完全取決於普朗克質量的大小。原始物質-反物質湮滅產生光壓後時間就開始了。有人認為裸奇點為宇宙之始不對，因為根據宇宙審查原理裸奇點必伴史瓦西半徑事件視界而空間沒有零點有最小長度單位。

由於盎魯效應和輻射壓力（萬有熾力），宇宙開始擴張速度加速

$$P = \frac{\sigma T^4}{c}$$

$$T = \frac{h'a}{2\pi cK} = \frac{h'c}{2\pi xK}$$

在宇宙膨脹理論解釋了為什麼我們宇宙是平坦的，均勻的，各向同性的。由於上式中，最高普朗克溫度引起初始的宇宙最大加速展開。這一時期履行暴脹理論。當宇宙開始膨脹，宇宙半徑X不停地增加。由於宇宙半徑x是反比溫度T，由溫度引起的加速度漸漸降低。因此，在早期宇宙膨脹速度開始變得更慢。值得一提的是，熱被轉換成宇宙向外的加速。宇宙的方向箭頭是時間箭頭，熵箭頭和輻射箭頭。

此外，由於在最初的宇宙時空是如此之小，輻射迎頭相撞的機率是非常高的，這就形成所有的質量和電荷。然後，你可能會懷疑誰造了兩個原始荷質。這可能須形而上學解釋。原始荷質可以由粒子-反粒子成對生產利用兩個輻射或者

一個輻射 $1.855 * 10^{43}$ 赫茲迎頭相撞。這輻射頻率被稱為普朗克頻率為最大可能的輻射頻率。最初的輻射時期是大統一的狀態。普朗克電荷質量形成之後，電荷和質量分離。質量導致時空扭曲，並造成時空曲率。而後成對生產和湮滅，產生了弱力和強力，從電磁力分開。這是一切根本力量誕生的順序。據哥德爾不完備定理，我們不能完全推導原始的質荷是如何形成的。因此，我們需要假設上帝（佛）之手參與創造宇宙的。在這裡，我也想討論關於零點能的概念。根據愛因斯坦-斯特恩公式：

$$E = \frac{hf}{e^{\frac{hf}{kT}} - 1} + \frac{hf}{2}$$

我們可以看到，當絕對溫度是零，有一個最小的剩餘能量。它是維持最小時空存在所需的最小能量。這是零點能量，它可以是空間最小單位基本振動頻率。我們還可以找出絕對零度永遠無法實現，因為總是有零點能量。並且，基於盎魯-霍金公式：

$$\frac{1}{2}KT * 2\pi = \frac{1}{2}hf$$

半光子能量（零點能）是每自由度最小動能。而且，

$$KT * 2\pi = hf$$

我們可以看到 KT 和 Hf 之間的關係。我們可以看到作為 KT 半徑的增加和 Hf 在時空擴張周圍增大。因此，存在如 $x = 2\pi R$ 的關係。

另外，虛數時間是不可能的。基於歐拉公式：

$$e^{ix} = \cos x + i \sin x$$

此外，

$$e^{2\pi i} = 1$$

根據定義的虛數時間是：

$$i * t = \frac{h'}{kT}$$

因此，

$$2\pi i = \frac{hf}{kT}$$

我們代入愛因斯坦-斯特恩公式。然後，

$$E = \frac{hf}{e^{\frac{hf}{kT}} - 1} + \frac{hf}{2} = \infty$$

因此，如果虛數時間存在，所需要的能量是無限大的。這意味著虛數時間是不可能的。只有真正的時間，沒有想像中的時間。

另外，敝人要補充宇宙中各種常數從何而來?如何決定?此可由普朗克單位的反向思考而來。比方說已經先知道了空間最小單位新普朗克長度和時間最小單位新普朗克時間，那麼它們之間的比值就是光速常數 c。已經知道新普朗克質量為多少再知道了光速常數 c，那麼根據愛因斯坦質能方程式我們就能推出普朗克能量為多少($E=2mc^2$)? 由於能量 $E=hf$，若我們也知道普朗克頻率為何，我們就可以導出普朗克常數 h。而能量也可以用 $E=kT$ 表示，若我們也知道普朗克溫度為何，我們就能得到波茲曼常數 k 為何。同樣的若知道新普朗克加速度(重力場，亦即光速 c 除以新普朗克時間)、新普朗克質量、以及普朗克長度平方，我們也能導出重力常數 G。同樣的再知道普朗克電荷為何再加上上述資訊，我們也能導出庫倫電力常數 K，因此一切的常數都可被決定下來了，這是宇宙各項常數的起源。而由於普朗克電荷平方是基本電荷平方的 137 倍，此比值為靜止質能和電能的比值，也就是說在 Planck epoch 下靜止質能和電能是統合一起的。

宇宙的未來（Fate of universe）

宇宙誕生討論後，我們將討論有關宇宙的結束。我們決定宇宙的命運的主導因素是輻射壓：

$$P = \frac{\sigma T^4}{c}$$

$$T = \frac{h'a}{2\pi cK} = \frac{h'c}{2\pi xK}$$

梳理上述兩個公式

$$P = \left(\frac{\pi^2}{60}\right)\frac{h'c}{x^4} = \left(\frac{\pi^2}{60}\right)\frac{h'}{tx^3} = \frac{\sigma T^4}{c}$$

目前，我們的宇宙背景輻射是 2.73K。在宇宙的結束時，絕對溫度將接近零度。雖然絕對零度的溫度不可能達到，由於熱力學第三定律，它仍然是極有可能的即宇宙將接近 0.0000001k 接近所謂的「熱寂」時代。如果這是真的，那麼宇宙的時空將接近無限大的，由於上面的公式：

$$T^4 \propto \frac{1}{tx^3}$$

因此，我們的宇宙將接近無限大。時間和空間將接近無窮大。此外，我們需要檢查，如果我們的宇宙將真正接近「熱寂」。我們需要找出是什麼原因導致星系輻射。螺旋星系在宇宙中佔主導地位的星系。螺旋星系有電荷和質量兩者。由於拉莫爾方程：

$$Power = \frac{a^2Q^2}{6\pi\epsilon c^3}$$

重力場實際上是加速度。

$$a = \frac{GM}{R^2}$$

因此結合上述兩個公式，我們可以得到：

$$Power = \frac{2KG^2Q^2M^2}{3c^3R^4} = 4\pi R^2\sigma T^4$$

在螺旋星系，電荷和質量不大損失。電荷和質量將被保存在螺旋星系，所發射的輻射是由於星系中心靜止電荷的重力加速度，在橢圓星系，輻射是由於從巨大質量強重力場加速。

我們還可以看盎魯-霍金效果：

$$T = \frac{ah'}{2\pi cK}$$

因此，

$$\text{Power} = 4\pi R^2\sigma T^4 = 4\pi R^2\sigma(\frac{ah'}{2\pi cK})^4$$

在巨大的銀河系中心：

$$\text{acceleration } a = \frac{GM}{R^2}$$

如果有這樣的機制，來自橢圓和螺旋星系發出的輻射將永存。此外，如果我們把加速度和溫度（盎魯效應）的關係代入上式中，我們可以發現的電動勢和力學加速度（斯圖爾特托爾曼效應）的直接比例關係以及電位和溫度的直接比例關係（熱電效應如 Seeback 效果）。我們可以拉莫爾式接到 Stefan 的公式。

$$\text{Power} = \frac{a^2Q^2}{6\pi\epsilon c^3} = 4\pi R^2\sigma T^4$$

而且，球體的表面電勢為 V = KQ / R。

此外，普朗克電荷是：

$$Q_p = \sqrt{4\pi h'c\varepsilon}$$

因此，我們可以連接熱能（溫度）到電勢（電壓）或加速度：

$$KT \propto Qp * V \propto a(g)$$

這意味著，電位和溫度或加速度可以相互轉化(熱電及壓電效應)。這也解釋了普朗克電荷的物理意義。我們可以重新排列方程為：

$$\frac{2\epsilon V^2 a^2}{3c^3} = \sigma T^4$$

如果我們想變換上述公式，我們可以通過表面積除等式的右側和左側。（r = 距離 R = 半徑 t=時間）。然後，上述等式會變成：

$$\frac{E^2 a^2}{6\pi c^3} = \frac{\sigma T^4}{4\pi\epsilon R^2}$$

如果一個加速電荷能夠輻射，光子然後將有四個場（重力場，旋力場，電場，和磁場）。在光子，有電場和磁場（E = CB）和重力場和旋力場（G = A = 1 / 2ωS）的直接關係。所以，我們也可以把磁場和旋力場代入上式。因此，我們可以在右側由該方程通過光/輻射的溫度場 T（熱場 H）連接在左側的重力場 A，旋衝力場 S（角動量和線動量），電場 E，磁場 B。光子可以與振幅（E&B）和頻率（A&S）與斯特凡定律產生，此為統一場論方程式：

$$B \times E \times A \times S = \pi H c^2$$

重力場：

$$A = \frac{-GM}{r^2}\hat{r}$$

旋力場：

$$S = \frac{SJ}{r^2} \times \hat{r}$$

電力場：

$$E = \frac{KQ}{r^2}\hat{r}$$

磁力場：

$$B = \left(\frac{\mu}{4\pi}\right)\frac{QV}{r^2} \times \hat{r}$$

熱力場或溫度場：*H(t,x,y,z)*

$$H = \frac{kT}{\frac{4}{3}\pi r^3 * t}\hat{r}$$

當 r=ct 且自由空間阻抗 Z=120 π。值得注意的是此方程式是應用於靜止坐標系，如果場源本身在做運動(速度 V)則須要洛倫茲因子加以校正。我們知道盎魯霍金效應公式：

$$T = \frac{ah'}{2\pi ck} = \frac{ch'}{2\pi rk}$$

把上式帶入而消掉原方程式的 a, r, T，最後可得用洛倫茲因子γ校正所剩下之角度項之統一場方程式並做泰勒展開：

$$B \times E \times A \times S = \gamma \pi H c^2 \cong \pi H c^2 + \frac{1}{2} \pi H v^2$$

光場：

$$L = \frac{hf}{\frac{4}{3}\pi r^3 * t} \hat{r}$$

假若光場與熱場能完全依照盎魯效應互相轉換可得到：

$$hf = 2\pi kT$$

$$B \times E \times A \times S = \frac{1}{2} L c^2$$

光子對我們的宇宙的開始和結束時非常重要。這個方程可以解釋粒子如質子，電子，中子在四維時空溫度輻射造成的電場，磁場，重力場，及旋力場，它可以產生光子。這個公式也可以解釋光熱之間的相互轉化。體積 V 可以被認為是我們的宇宙總空間，所以這個公式可以解釋宇宙背景溫度的轉變。

在上述情況下，我們考慮光子由費米粒子吸收熱能輻射。我們還可以考慮其他玻色子的輻射，以及如膠子和 W / Z 粒子。我們只需更換上述方程中的電場和磁場為湯川場。憑藉強力的交互耦合常數，膠子可以從吸熱費米子發射。隨著弱相互作用耦合常數，W / Z 玻色子可以從吸熱費米子發射。庫侖勢的光子僅僅是湯川勢修改後的特殊情況下使光子的質量為零。因此，該方程還可包括強和弱力。由於強弱力和電磁力均為撓率場故可互相取代。

當光壓由於溫度下降減小，淨能量動量將接近零。然後，我們的宇宙將停止膨脹。但是，我們知道光壓時空方程式表明時空是在能量的基礎上。銀河質量是保守的。因此，質量將繼續含於時空。然後，質量會產生能量（輻射）。因為任何事物都有質量和加速度，絕對溫度零無法實現。質量無法改變，但光子可以永遠產生。甚至宇宙溫度下降到接近絕對零度由於宇宙膨脹，越來越多的新的光子仍然可以從星系發射來克服重力收縮的幅度。因此，我們的時空將擴大到接近無限大（空間）與無限長（時間）。星系將永遠閃耀！

最後，我想談一談我們的宇宙的最終命運。我們首先應該知道愛因斯坦的雙生子佯謬。根據時間膨脹公式：Dt' = γdt（γ是洛倫茨係數），飛船旅行中的孿生兄弟將比他另一個孿生兄弟年輕。這是因為，航天器的移動速度有時間擴張效果。因此，時間在航天器通過慢得多。如果飛船正在移動接近光速，然後在航天器的孿生兄弟不會老去。

然後，我們可以想想我們的光壓時空公式。此公式解釋了光的壓力導致我們的宇宙（時空）展開。當宇宙的溫度下降到接近零，並在我們的宇宙的總質量是少數，那麼將有一個巨大的鐘慢效應。這可能是因為光壓效應（暗能量）遠遠大於重力的影響。宇宙時間可能會接近無限大。這類似於上述的孿生兄弟在飛船的效果。當時的人們將有很長的壽命。此外，基於上述推論星系仍然會永遠閃耀。由於恆星們也有重力加速度及溫度，恆星如太陽也將保持閃亮。輻射將保持從恆星釋放。甚至像地球或土星的行星也將在他們的內核不斷產生熱量。在這裡，我會想指出質量中心的概念。關於質量公式中心的重心是：

$$F = \frac{GMm\left(r_{cg-}r\right)}{\left|r_{cg} - r\right|^3}$$

我們知道重力加速度為 g = F / M。第 r_cg是質量中心（= 0），r 是距離。因此，質量裡面有大重力加速度。這就是為什麼恆星內部或行星有強勁的加速和溫度的原因。目前，我們不知道超新星從核心坍縮遭受爆炸是如何獲得的輻射能量，當一個超新星崩潰，直徑縮短和淨重力加速度增加（$a = GM / R^2$），我們知道由於盎魯效果該加速度比例於溫度，所以超新星將再次取得輻射壓力爆炸（$p = KT^4 / C$）。這也適用於聲致發光。若有小質量在大質量附近，則兩質量的曲率有加成性，這就是愛氏的 static mass increase。

由於費德里曼第二方程式，宇宙未來命運可由以下決定：

$$\frac{\ddot{a}}{a} = -\frac{4\pi G}{3}(\rho + 3P)$$

而能量質量密度 Rho 與壓力 P 之間的比例：

$$\mathrm{P} = \omega\rho$$

稱為宇宙方程狀態常數

當 $\omega < -1$，鬼魅能量會造成宇宙的大撕裂(Big Rip)

當 $\omega > -1/3$，會造成宇宙的大擠壓(Big Crunch)

當 ω 介於以上兩常數之間會有一個加速膨脹的完美宇宙(Quintessence)

能量質量密度與光壓完全相等，而宇宙之後兩者成一定比例擴張造成固定宇宙方程狀態常數 $\omega = -1$(約等於且略大於)，與目前觀測值相符合，可解釋為何我們的宇宙是加速膨脹的完美宇宙，而宇宙未來不會大擠壓或大撕裂。

另外也可給出宇宙場方程式的逆變與協變張量(向外方向為正，故光壓與電場方向均為正，而使質量能量密度為負)：

$$T^{uv} = \begin{bmatrix} -\rho & -Ex & -Ey & -Ez \\ Ex & Px & -Bz & By \\ Ey & Bz & Py & -Bx \\ Ez & -By & Bx & Pz \end{bmatrix}$$

$$\mathrm{Tuv} = \begin{bmatrix} -\rho & Ex & Ey & Ez \\ -Ex & Px & -Bz & By \\ -Ey & Bz & Py & -Bx \\ -Ez & -By & Bx & Pz \end{bmatrix}$$

此矩陣有規範性且洛倫茲不變，知道了宇宙場方程式的逆變張量與協變張量即可做矩陣運算。又已知此逆變張量與協變張量互為反矩陣：

$$T^{uv} * T_{uv} = I$$

運算後可得：$-\rho = P_x = P_y = P_z = p$

根據能量應力張量的定義而此矩陣的跡為：

$$tr(T) = -(\rho + 3p)$$

這就是前述費德里曼方程式的來源。

$$Ricci\,flow = -\mathrm{Ruv} + \frac{1}{2} g_{uv} R = \mathrm{K} * \mathrm{Euv} = -\lambda \mathrm{g}$$

$$\mathrm{Euv} = \left(-\rho_m + \frac{P}{c^2}\right) UuUv - P g_{uv}$$

其中 Uv=(c,0,0,0) g_uv=(1,-1,-1,-1) $\rho \quad = \rho_m c$^2且由本書所述動量項或是剪應力項帶入電場或磁場是合理的。這個公式可以證明我們的宇宙是輻射壓主導宇宙膨脹。

此解釋了為何能量質量密度與光壓完全相等。

$$u == -\frac{g^2}{8\pi G} = -\frac{GM^2}{8\pi r^4}$$

$$P_x = P_y = P_z = -\left(\frac{\pi^2}{240}\right)\frac{h'c}{r^4} = \frac{\sigma T^4}{4c}$$

令兩者相等得宇宙開始陰陽相加的普郎克質量：

$$M = \sqrt{\frac{h'c}{G}}$$

質能密度與光壓都成半徑四次方等比例變小故比值不變。後來宇宙大尺寸星系有質量光度比之溫度重力場關係而比值不變：

$$T^4 \propto \frac{M^2}{r^4} = g^2$$

宇宙為何有纖維結構，猜想可能是殘存重力和電磁力，本來因重力或電磁產生的星系，可因交互作用產生星系團。在更大尺寸下，節點星系團之間殘存重力或電磁力，吸引之間游離的恆星於彼此作用力線，最後變成了纖維狀結構，這就是最大尺寸宇宙結構。最後宇宙膨脹的程度可能決定於真空零點能多少，而真空零點能可能與希格斯場有關。最後敝人要討論費德里曼第一方程式，他討論到一個臨界密度的概念，但宇宙密度隨宇宙半徑四次方不斷變小是變動的，非為判斷之常數。且曲率 K 也是由+1 往 0 變化非常數，目前 K 約等於零乃因宇宙太大，故宇宙命運應由費德里曼第二方程式判斷。而根據光壓宇宙方程，分母會出現一個 $1/2\pi^2 r^4$，這是 3-sphere 的體積公式，意味宇宙是四維中不斷擴張的球體。

此解釋了為何能量質量密度與光壓 XYZ 分量完全相等。且此與天文觀測結果物質佔宇宙比 25%而暗能量(光壓)佔宇宙比 75%左右相符。又我們將能量質量密度導入愛因斯坦場方程 T00 項求曲率：

$$a = \frac{-8\pi G}{c^4}(-\rho) = \frac{8\pi G}{c^4}\left(\frac{g^2}{8\pi G}\right) = \frac{1}{c^2 t^2} = \frac{1}{r^2}$$

結果得到曲率為 $1/R^2$ 而這符合球的高斯曲率，根據高斯絕妙定理，此高斯曲率具有內部對稱性即有規範不變性，這意謂著廣義相對論不但是有微分同胚協變(廣義協變性為時空對稱)，也具有局部規範不變性而因此廣義相對論也是規範場論。我們知道統一電磁場、強力、弱力的標準模型是 U(1)xSU(2)xSU(3)的規範場論，若廣義相對論亦為規範場論，我們即可用規範場論概念來統一重力場、電磁場、強力、弱力而得到統一場論。而在 3-sphere 的黎曼張量：

$$R_{uv=}\frac{2}{r^2}g_{uv}$$

我們知道度規張量 g_uv(1, -1, -1, -1)，故以上公式的跡可為：

$$Tr(R_{uv}) = \frac{-4}{r^2}$$

對比愛因斯坦場方程式的能量應力張量跡：

$$T_{\mu}^{\mu} = T^{\mu\nu}g_{\nu\mu}$$

$(T^{uv}=(-\rho,P,P,P))$

$$Guv = -K * Tuv = \left(\frac{-8\pi G}{c^4}\right)Tuv$$

再乘上係數一樣可得：

$$Tr(G_{uv}) = \frac{4}{r^2}$$

而愛因斯坦張量跡：

$$g^{uv}G_{uv} = g^{uv}R_{uv} - \frac{1}{2}g^{uv}g_{uv}R$$

$$G = R - \frac{1}{2}(nR) = \frac{2-n}{2}\ R$$

當四維時空時 n=4 則可得：

$$G = -R$$

綜合以上我們不難發現愛因斯坦場方程隱含我們的宇宙形狀是一個四維球體 3-sphere。我們若將 3-sphere 的相關張量帶入愛因斯坦場方程：

$$R_{uv} - \frac{1}{2} g_{uv} R = -K T_{uv}$$

$$\frac{2}{r^2} g_{uv} - \frac{1}{2} g_{uv} \frac{2}{r^2} = \left(\frac{1}{r^2} \ , \frac{-1}{r^2} \ , \frac{-1}{r^2} \ , \frac{-1}{r^2} \right)$$

亦是符合 3-sphere 的要求。

$$E_x^2 = B_x^2$$

$$E_y^2 = B_y^2$$

$$E_z^2 = B_z^2$$

以上兩張量的內積為：

$$T^{uv} T_{uv} = \rho^2 + P^2 = 4\rho^2$$

$$P^2 = P_x^2 + P_y^2 + P_z^2$$

而此張量的行列式值為：

$$Det(T) = \rho^4 + E^4$$

且此張量的跡為：

$$Tr(T) = \rho + 3p'$$

而此張量的特徵值為：

$$(-\rho + Ee^{i(\pi/4)}, P - Ee^{i(\pi/4)}, P + Ee^{i(-\pi/4)}, P - Ee^{i(-\pi/4)})$$

我們可以將此結果與量子場論中正物質和反物質的生成算符

及湮滅算符做比較，生成算符及湮滅算符為共軛複數，而正物質有正質量和反物質有負質量且相反電荷。正反物質湮滅產生一對可干涉相消的光子(均有正能量)。值得注意的是此有一個 U(1)對稱：

$$\varphi \to \varphi' = \varphi e^{i\theta}$$

把以上結果展開為：

$$\left(-\rho + \frac{1}{\sqrt{2}}E + \frac{i}{\sqrt{2}}E, P - \frac{1}{\sqrt{2}}E - \frac{i}{\sqrt{2}}E, P + \frac{1}{\sqrt{2}}E - \frac{i}{\sqrt{2}}E, P - \frac{1}{\sqrt{2}}E + \frac{i}{\sqrt{2}}E\right)$$

考慮希格斯機制在 U(1)的對稱破缺：

$$E' = Ee^{\pm i\frac{\pi}{4}}$$

取協變導數(q 是基本電荷，g 是耦合常數而光子自旋為 1)：

$$D_\alpha \equiv \partial_\alpha + iq\left(\frac{g}{4}\right)A_\alpha$$

這 1/4 factor 也可看做我們的四維時空而度規張量內積為四：

$$g^{uv}g_{uv} = 4$$

這 1/4 factor 和電磁場拉格朗日也是同樣道理：

$$L_{EM} = \frac{-1}{4}F^{uv}F_{uv}$$

而希格斯場：

$$\phi = \phi_1 + \mathrm{i}\phi_2 = (\varphi_1 + v + i\varphi_2)/\sqrt{2}$$

拉格朗日(後兩項為希格斯勢定義)：

$$L = (D_\alpha\phi)^*(D^\alpha\phi) - \frac{1}{4}F^{\alpha\beta}F_{\alpha\beta} - \mu^2\phi^*\phi - \lambda(\phi^*\phi)^2$$

$L = \frac{1}{2}\left[\left(\partial_\alpha + iq\left(\frac{g}{4}\right)A_\alpha\right)(\varphi_1 + v + i\varphi_2)\right]^*\left[\left(\partial_\alpha + iq\left(\frac{g}{4}\right)A_\alpha\right)(\varphi_1 + v + i\varphi_2)\right] - \frac{1}{4}F^{\alpha\beta}F_{\alpha\beta} + \frac{\mu^2}{2}(\varphi_1 + v + i\varphi_2)^*(\varphi_1 + v + i\varphi_2) - \frac{\lambda}{4}[(\varphi_1 + v + i\varphi_2)^*(\varphi_1 + v + i\varphi_2)] = \frac{1}{2}(\partial_\alpha\varphi_1)(\partial^\alpha\varphi_1) - \mu^2\varphi_1^2 + \frac{1}{2}(\partial_\alpha\varphi_2)(\partial^\alpha\varphi_2) - \frac{1}{4}F^{\alpha\beta}F_{\alpha\beta} + \frac{1}{2}\left(\frac{qvg}{4}\right)^2 A^\alpha A_\alpha + L_{int}$與量子場論生成算符及湮滅算符之比較。

生成算符：

$$a^+ = \frac{1}{\sqrt{2}}(q - ip) = \frac{1}{\sqrt{2}}(E - iE)$$

湮滅算符：

$$a^- = \frac{1}{\sqrt{2}}(q + ip) = \frac{1}{\sqrt{2}}(E + iE)$$

$$[a^+, a^-] = 1$$

而：

$$\phi \rightarrow \phi' = e^{i\theta}\phi$$
$$= (\phi_1 \cos\theta - \phi_2 \sin\theta)$$
$$+ i(\phi_1 \sin\theta + \phi_2 \cos\theta)$$

當我們讓$\theta = -\frac{\pi}{4}$

帶入上式則虛數項為零，剛好削掉哥斯通粒子的光子也剛好對應到$\pm Ee^{i(-\pi/4)}$的生成算符產生正負質子對或正負電子對。

當我們讓$\theta = +\frac{\pi}{4}$

帶入上式則虛數項不為零，則代表有哥斯通粒子的光子對也剛好對應到$\pm Ee^{i(\pi/4)}$的湮滅算符。

前面拉格朗日第一二項$\frac{1}{2}(\partial_\alpha\varphi_1)(\partial^\alpha\varphi_1) - \mu^2\varphi_1^2$是希格斯場最低能量的徑向漲落。第三項是$\frac{1}{2}(\partial_\alpha\varphi_2)(\partial^\alpha\varphi_2)$是無質量的哥斯通玻色子，在此推導中則為光子和反光子對。

第四五項是$-\frac{1}{4}F^{\alpha\beta}F_{\alpha\beta} + \frac{1}{2}\left(\frac{qvg}{4}\right)^2 A^\alpha A_\alpha$

是規範向量場 A 的拉格朗日項以及質量項。此時我們帶入強力耦合因子 g=1、基本電荷 q=1.61x10^{-19} 庫倫，以及希格斯期望值 v=246.33 GEV(若設 v 為希格斯子質量兩倍 250.6 GEV 則更吻合)，我們可得質量項：M=1.6x10^{-27}kg 這約莫是質子的質量(不含夸克)。若以米利根 1911 年油滴實驗原始數據

q=1.63x10^{-19} 庫倫，則恰好得目前質子量測質量。因此我們可以連結質子質量與電荷的關係式。而我們知道弱耦合常數平方 g^2=3x10^{-7} 其開根號的倒數約為 1/1836，帶入上式我們也可得到電子得質量(電子通常由弱作用產生)。這就是 U(1)的希格斯對稱破缺機制以及宇宙場張量特徵值所代表的物理意義。

另外，我們可看出與時間相關的 T00, T01, T02, T03, T10, T20, T30 等張量成分包含質量能量密度及電場，是屬於靜止坐標系(rest reference frame)，其中重力場會造成時間膨脹而電場相反的會造成時間收縮，如同廣義相對論的質量，電荷相對論的電荷一樣也有時空效應。此可由 Reissner-Nordstrom metric 解釋有帶電場的矩陣看出：

$$\left(\frac{d\tau}{dt}\right)^2 = 1 - \frac{r_s}{r} + \frac{r_q^2}{r^2}$$

$$r_s = \frac{2GM}{c^2}$$

$$r_q^2 = \frac{KGQ^2}{c^4}$$

而：

$$\frac{KQ^2}{2r} < mc^2$$

當靜電勢能與靜止質能的效應相反，可見質量項造成時間膨脹而電荷項造成時間收縮。此情況不見得成立，這是因為其比值為精細結構常數 1/137，因此仍會造成時間膨脹。而與空間有關的 T11, T22, T33, T12, T13, T23, T21, T31, T32 等張量成分為運動坐標系(moving reference frame)。輻射熱壓中的輻射是以光速運動的，而磁場本身就是運動電場的相對論效應，質量能量密度造成空間收縮。因為熱脹冷縮，輻射壓會造成時間和空間膨脹(time & length dilation)。而由於重力紅移產生的背後機制就是重力時間膨脹，相反地，我們可以推論造成時間收縮的電場會有藍移現象。同樣的：

$$\frac{KQ^2}{2r} < mc^2$$

因此重力紅移的效果仍然較大。

此可由公式看出(λ_∞是觀察者所得波長而λ_e是波源所得波長)：

$$\frac{\lambda_e}{\lambda_\infty} = \sqrt{1 - \frac{r_s}{r} + \frac{r_q^2}{r^2}}$$

貳、統一場論數學篇

一、希格斯子——介子相互作用 (Higgs-meson interaction)

這裡，我會用數學證明，討論標準模型的基本交互作用。這部分屬於萬有理論數學篇。首先，我將介紹希格斯子與介子的相互作用。在這裡，我建議介子（特別 π 介子），也實際上是一個規範玻色子介導的吸引力。因此，質子-質子，中子-中子和質子-中子可以被交互作用。實際上這是強子物理學（QHD）。

因此，π介子介導的力量也是一種SU（2）力。所以，它是質子-質子，中子-中子和質子-中子之間的力。由於楊密方程的公式：

$$Fuv = \partial uAv - \partial vAu - [Au, Av]$$

此外，QHD 公式為：

$$U(SU(2)) = \exp\left[ig\sum_{j=1}^{3} T_j P_j(x)\right]$$

因此，協變導數為：

$$\partial^{\mu} = \partial^{\mu} + igT * P(x)$$

其中，i 表示虛數，g 為 QHD 耦合常數，T 是同位旋和 P（x）表示介子場。在這裡，我將證明 π 介子獲得其質量乃借由希格斯——介子的相互作用。π 介子的同位旋 T 分別是：

$$T_x = \frac{1}{\sqrt{2}}\begin{bmatrix} 0 & 1 & 0 \\ 1 & 0 & 1 \\ 0 & 1 & 0 \end{bmatrix}$$

$$T_y = \frac{1}{\sqrt{2}}\begin{bmatrix} 0 & -i & 0 \\ i & 0 & -i \\ 0 & i & 0 \end{bmatrix}$$

$$T_z = \begin{bmatrix} 1 & 0 & 0 \\ 0 & 0 & 0 \\ 0 & 0 & -1 \end{bmatrix}$$

希格斯介子機制是有關 SO(3)旋轉群的對稱破缺，而 SO(3)與 SU(2)又有相聯結性。SO(3)對應三個粒子 π+，π-，π0。

由於介子包括三個粒子 π+，π-，π0，我們應該使用一個實數的純量希格斯場與介子場互動。這個希格斯標量場也有三個組成部分：（0,0, V/√2）。而拉格朗日是：

$$L(\varphi) = \frac{1}{2}(\partial_v \varphi)(\partial^v \varphi) - \frac{1}{2}\mu^2(\varphi(x))^2 - \frac{1}{4}\lambda(\varphi(x))^4$$

這是根據南部-哥斯通定理來描述π介子。

然後，我們引入 QHD 的協變導數和同位旋矩陣進入拉格朗日。變成：

$$\frac{1}{2}|[(\mathrm{igTP(x)}) * \varphi(\mathrm{x})]^{+}[(\mathrm{igTP(x)}) * \varphi(\mathrm{x})]| =$$

$$\frac{1}{4}\left(0, \frac{1}{\sqrt{2}}\mathrm{v(gPx - igPy), -gvPz}\right)$$

$$\times\left(0, \frac{1}{\sqrt{2}}\mathrm{v(gPx + igPy), -gvPz}\right)$$

$$\text{let } \mathrm{P}^{\pm} = \frac{1}{\sqrt{2}}(\mathrm{P_x} \pm \mathrm{iP_y})$$

上式成為：

$$\frac{1}{4}(0, gvP^-, -gvP_z) \times (0, gvP^+, -gvP_z)$$

$$= \frac{g^2v^2}{4}P^+P^- + \frac{g^2v^2}{4}P_z^2$$

$$\mathrm{P_z^2} \quad = \mathrm{P} * \overline{\mathrm{P}}$$

Mass term=1/2M^2VuV^u 值得注意此質量項同時有正負質量之解，而可對應於正物質和反物質。

如果π+ 是 P^{+}，π- 為 P^{-}和 π0 是 Pz，那麼所有三個 π 介子粒子可以得到 gV/√2 的質量。π0 的反粒子仍然是 π0。這就是為什麼 3 個 π 介子粒子獲得質量相同的希格斯機制。因此 π+ 是 U$\underline{D}$，π^{-} 為 D$\underline{U}$，π0 是 U$\underline{U}$ 或 $\underline{D}$D。π0 的夸克成分是$U\bar{U} - D\bar{D}/\sqrt{2}$。π 的質量大約是 135-139MeV / C^2。π0 的質量比 π+ or π- 僅稍輕，因為它不帶有任何電荷。輕微質量差是由於帶電 π 介子和中性 π 介子的夸克內容。上夸克的質量為 1.7-3.1MeV / C^2，且下夸克的質量為 4.1-5.7MeV / C^2。因此，π 介子的質量不僅僅是從夸克獲得其介子質量大部分來自希格斯機制。我們知道 mass term 為 $1/2M^2VuV^u$，其他的介子亦是由於此機制得到質量，這是希格斯——介子的相互作用。

最後 pion 得到的質量是 gV/√2，這等同於強光統一作用後膠子 g$\underline{g}$ 或 b$\underline{b}$ 的質量，敝人認為 pion 除了一對正反夸克外也須有一個 g$\underline{g}$ 或 b$\underline{b}$ 膠子，此膠子貢獻 pion 的主要質量而 pion 非帶負質量仍為正質量，並使 pion 維持中性色荷與造就 pion 媒介力的 boson 功能。由於 pion decay constant 的質能約是 130 MeV/c^2，故可推測膠子 g$\underline{g}$ 或 b$\underline{b}$ 的質量也約是 130 MeV/c^2，除以√2 倍後也能推測出膠子 b$\underline{g}$、g$\underline{b}$、g$\underline{r}$、r$\underline{g}$、r$\underline{b}$、b$\underline{r}$ 的質量

約是 92 MeV/c^2，透過希格斯-強光統一作用產生的質子和中子其質量目前實驗量測推估約為 940 MeV/c^2，這約莫為三個夸克加上上述九個膠子的質量(原來核子有六個有色膠子和兩個中性膠子再外加 pion 一個中性膠子)，於是可解決質子和中子失落質量之謎。Pion 及其中性膠子因此所媒介的力不同於有色膠子。這交互作用屬於 SO(3)的對稱破缺。

最後我們可由費米常數推估中性膠子質量及強耦合常數：

$$G_F = \frac{\sqrt{2}g^2}{8M_w^2c^4} = 4.54x10^{14}J^{-2}$$

若我們用有色膠子質量 92 MeV/c^2 取代上式 Mw 質量套入，我們可以得到耦合常數 g^2=3x10^{-7}，這相當於弱耦合常數與強耦合常數的比值。由於以上費米常數用於弱交互作用，我們把 G_F 除以 3x10^{-7} 就能得到強交互作用耦合常數 g=1，此推導證明上述有色及中性膠子質量的推估計算是正確的。有色膠子 92 MeV/c^2，而中性膠子 130 MeV/c^2。

二、強光統一作用（Strong light interaction）

在以前的研究中，溫伯格教授提出的弱電相互作用預測 W 和 Z 粒子的質量。他的理論是非常成功的。然而，它實際上是光子和 W / Z 玻色子的相互作用。因此，它是弱光互動。它是弱力和光之間的相互作用。在這裡，我建議強力和光之間的相互作用。因此，它可以解決膠子質量的問題。

基於標準模型的楊-米爾斯理論，我們知道了楊-米爾斯方程為：

$$Fuv = \partial uAv - \partial vAu - [Au, Av]$$

此外，QHD 公式為：

$$U(SU(2)) = \exp\left[ig\sum_{j=1}^{8} F_j\, G_j(x)\right]$$

因此，協變導數為：

$$\partial^{\mu} = \partial^{\mu} + igF * G(x)$$

此外，F = 1 / 2λ，λ 是蓋爾曼矩陣：

$$\lambda_1 = \begin{bmatrix} 0 & 1 & 0 \\ 1 & 0 & 0 \\ 0 & 0 & 0 \end{bmatrix}$$

$$\lambda_2 = \begin{bmatrix} 0 & -i & 0 \\ i & 0 & 0 \\ 0 & 0 & 0 \end{bmatrix}$$

$$\lambda_3 = \begin{bmatrix} 1 & 0 & 0 \\ 0 & -1 & 0 \\ 0 & 0 & 0 \end{bmatrix}$$

$$\lambda_4 = \begin{bmatrix} 0 & 0 & 1 \\ 0 & 0 & 0 \\ 1 & 0 & 0 \end{bmatrix}$$

$$\lambda_5 = \begin{bmatrix} 0 & 0 & -i \\ 0 & 0 & 0 \\ i & 0 & 0 \end{bmatrix}$$

$$\lambda_6 = \begin{bmatrix} 0 & 0 & 0 \\ 0 & 0 & 1 \\ 0 & 1 & 0 \end{bmatrix}$$

$$\lambda_7 = \begin{bmatrix} 0 & 0 & 0 \\ 0 & 0 & -i \\ 0 & i & 0 \end{bmatrix}$$

$$\lambda_8 = \frac{1}{\sqrt{3}} \begin{bmatrix} 1 & 0 & 0 \\ 0 & 1 & 0 \\ 0 & 0 & -2 \end{bmatrix}$$

對於光子，還有另外一個矩陣：

$$\lambda_9 = \begin{bmatrix} 1 & 0 & 0 \\ 0 & 1 & 0 \\ 0 & 0 & 1 \end{bmatrix}$$

我們讓 R 或|R> =（1,0,0），B 或| B> =（0,1,0），和 G 或| G> =（0,0,1）。然後，整個矩陣是：

$$\begin{bmatrix} r\bar{r} & r\bar{b} & r\bar{g} \\ b\bar{r} & b\bar{b} & b\bar{g} \\ g\bar{r} & g\bar{b} & g\bar{g} \end{bmatrix}$$

此外，每個矩陣都有其對應的膠子和光子：

$$G_1 = \frac{1}{\sqrt{2}}(r\bar{b} + b\bar{r})$$

$$G_2 = \frac{i}{\sqrt{2}}(b\bar{r} - r\bar{b})$$

$$G_3 = \frac{1}{\sqrt{2}}(r\bar{r} - b\bar{b})$$

$$G_4 = \frac{1}{\sqrt{2}}(r\bar{g} + g\bar{r})$$

$$G_5 = \frac{i}{\sqrt{2}}(g\bar{r} - r\bar{g})$$

$$G_6 = \frac{1}{\sqrt{2}}(g\bar{b} + b\bar{g})$$

$$G_7 = \frac{i}{\sqrt{2}}(g\bar{b} - b\bar{g})$$

$$G_8 = \frac{1}{\sqrt{6}}(r\bar{r} + b\bar{b} - 2g\bar{g})$$

此外，光子玻色子是：

$$B = G_9 = \frac{1}{\sqrt{3}}(r\bar{r} + b\bar{b} + g\bar{g})$$

因此，總共有 9 玻色子（8 膠子加 1 光子）為整個 3X3 矩陣，與希格斯玻色子相互作用。為了最大限度地提高總的膠子，我們需要使用複標量場包括 6 希格斯玻色子。我們預測，六個玻色子會與希格斯場相互作用，其他三個膠子就在此步驟沒有質量。希格斯場是：

$$\varphi(x) \equiv \frac{1}{\sqrt{2}}\begin{pmatrix}\varphi 1 + i\varphi 2 \\ \varphi 3 + i\varphi 4 \\ \varphi 5 + i\varphi 6\end{pmatrix}$$

而且，我們讓 $\varphi 1 = \varphi 2 = \varphi 3 = \varphi 4 = \varphi 6 = 0$ and $\varphi 5 = v$。

因此，希格斯場應該是（0,0,V / $\sqrt{2}$ ）

拉格朗日為 complex 標量場是：

$$L(\varphi) = (\partial_v \varphi)(\partial^v \varphi) - \mu^2(\varphi(x))^2 - \lambda(\varphi(x))^4$$

當只有 Ψ1 及 Ψ2 時：

$$\left(\varphi(x)\right)^2 = \frac{\varphi_1^2 + \varphi_2^2}{2}$$

故複標量場 mass term 仍為 $1/2m^2V^2$，同理可推論出 Ψ3 Ψ4 Ψ5 Ψ6 均有相同情形，mass term 仍為 $1/2m^2V^2$：

$$\left(\varphi(x)\right)^2 = \frac{\varphi_1^2 + \varphi_2^2 + \varphi_3^2 + \varphi_4^2 + \varphi_5^2 + \varphi_6^2}{2}$$

然後，我們使用 QCD 和蓋爾曼的協變導數

拉格朗日變成：

$$\frac{1}{4}\left|\left[\left(ig\lambda G(x)\right) * \varphi(x)\right]^{+}\left[\left(ig\lambda G(x)\right) * \varphi(x)\right]\right| =$$

$$\frac{1}{8}\left(\frac{1}{\sqrt{2}}gv(G_4 - iG_5), \frac{1}{\sqrt{2}}gv(G_6 - iG_7), v\left(\frac{1}{\sqrt{3}}kB - \frac{\sqrt{2}}{\sqrt{3}}gG_8\right)\right)$$

$$\times \left(\frac{1}{\sqrt{2}}gv(G_4 + iG_5), \frac{1}{\sqrt{2}}gv(G_6 + iG_7), v\left(\frac{1}{\sqrt{3}}kB - \frac{\sqrt{2}}{\sqrt{3}}gG_8\right)\right)$$

我們設 $G^4 = 1/\sqrt{2}(G_4 + iG_5)$ ，$G^5 = 1/\sqrt{2}(G_4 - iG_5)$ 等同理得 G^6 和 G^7，我們讓 $\sqrt{2}/\sqrt{3}g = g''$ 及 $1/\sqrt{3}k = g'$。電磁與強力耦合常數比 g=k=1。我們計算上面的公式：

我們設

G^{8u}=（$g'B^u - g''G_8^u$）/$\sqrt{（g'^2 + g''^2）}$ and

A^u=（$g'G_8^u + g'' B^u$）/$\sqrt{（g'^2 + g''^2）}$

類似於電弱理論，我們得到 G^8 的質量

$$mG^8 = \frac{v\sqrt{g'^2 + g''^2}}{\sqrt{2}}$$

和光子 A^u 的質量仍為零。類似於電弱理論，我們得到 G^8 場和光子：

$$G^8 = \frac{g'}{\sqrt{g''^2 + g'^2}}B - \frac{g''}{\sqrt{g''^2 + g'^2}}G_8 = B\sin\theta - G_8\cos\theta$$

$$A = \frac{g'}{\sqrt{g''^2 + g'^2}}G_8 + \frac{g''}{\sqrt{g''^2 + g'^2}}B$$
$$= G_8\sin\theta \quad + B\cos\theta$$

此外，新膠子的質量 G^1、G^2 和 G^3 仍然是零。此外，因為 mass term 是 $1/2M^2VuV^u$，膠子的質量 G^4、G^5、G^6 和 G^7 是 1/2vg。因為對稱破缺後 G^8mass term 是 $1/4M^2G^{8u}G_{8u}$ 在希格斯機制後 G^8 膠子變為 gg(質量 $vg/\sqrt{2}$)。值得注意此質量項亦同時有正負質量解，負質量的膠子可解釋反質子或反中子構成。之前實驗說反中子會受重力引力墜落因此帶正質量不見得是對的，因為 Runaway motion 理論，負質量本可受正質量

吸引，而且科學家也已經製造出負質量流體，要判定反物質是否帶負質量應該用兩個反中子看他們是否互相排斥。此外，我們知道：

$$\frac{1}{\sqrt{2}}(G_1 - iG_2) = r\bar{b} \text{ ， } \frac{1}{\sqrt{2}}(G_1 + iG_2) = b\bar{r} \text{ 等}$$

G_8 和光子希格斯相互作用是矩陣的右側和最下方的位置，我們得到一個最終的 $g\underline{g}$ 膠子。

因此，我們可以得到八個新膠子：$R\underline{B}$，$B\underline{R}$，$\underline{R}R$ / $B\underline{B}$，$\underline{B}G$，$\underline{G}B$，$\underline{G}R$，$\underline{R}G$ 和 $\underline{G}G$。$R\underline{R}$ / $B\underline{B}$ 的形式類似於中性介子：

$$\frac{1}{\sqrt{2}}(r\bar{r} - b\bar{b})$$

我不知道光子(電荷)和強力之間的確切耦合常數比。然而，如果 α-比率為 1，相似色力，我們可以得到

$$\sin\theta = \frac{1}{\sqrt{3}}$$

$$\cos\theta = \frac{\sqrt{2}}{\sqrt{3}}$$

因此，我們將得到的 G^8 的結果（相互作用）

$$G^8 = g\bar{g}$$

$$A = \frac{1}{\sqrt{2}}(r\bar{r} + b\bar{b})$$

第一步驟結果綠色相關的膠子有質量，非綠色膠子沒有質量。這解決了楊-米爾斯質量差距問題。這就是為什麼中子和質子比內含夸克更重。從上面我們知道 α 衰變關係到介子和 β 衰變有關 W 玻色子。兩者都是 SU（2）。由強光交互作用，我們可得五個有質量與綠色有關的 G^{4-8} 膠子：$b\underline{g}$,$g\underline{b}$,$g\underline{r}$,$r\underline{g}$, 及 $g\underline{g}$。此外我們有四個無質量玻色子：λ1, λ2, λ3,& A。此四個膠子可以再和希格斯子$(0,V/\sqrt{2})$電強交互作用，而得到質量 vg/2 的 $r\underline{b}$和 $b\underline{r}$以及質量 $vg/\sqrt{2}$的 $b\underline{b}$，和無質量的 $r\underline{r}$，因此共有八個相等質量的膠子媒介短距離強力，是 SU(3)相關的對稱破缺。另外上述 A 也就是電弱理論中的 B0 玻色子。有趣的是當希格斯介子交互作用若設 Higgs$(V/\sqrt{2}, 0,0)$則可用一中性 Pi 介子補充 $r\underline{r}$的位置成完美 3x3 矩陣，故我們最後有 $R\underline{B}$，$B\underline{R}$，$\underline{R}R$，$B\underline{B}$，$\underline{B}G$，$\underline{G}B$，$\underline{G}R$，$\underline{R}G$ 和 $\underline{G}G$ 共九個作用力膠子，其中一個中性膠子特別與π介子密切相關。用不同耦合常數，此四個玻色子也可和希格斯子$(0,V/\sqrt{2})$以電弱交互作用 Pauli matrix 產生有質量的 W+, W-, Z, 和無質量的γ。由此，我們能得到統一強力、弱力、與光(電磁)的交互作用。

此時的運算：

$$\frac{1}{8}\left(\frac{1}{\sqrt{2}}gv(G_1 - iG_2), v\left(\frac{1}{\sqrt{2}}kA - \frac{1}{\sqrt{2}}gG_3\right)\right)$$

$$\times\left(\frac{1}{\sqrt{2}}gv(G_1 + iG_2), v\left(\frac{1}{\sqrt{2}}kA - \frac{1}{\sqrt{2}}gG_3\right)\right)$$

在電強作用下(k=g=1)即 Isospin=Hypercharge=1，在電弱作用下 Isospin=1 且 Hypercharge=1/2 帶入得結果(此時 G1=W1, G2=W2, G3=Z')。

然後，為什麼夸克和輕子有三代。電弱相互作用是三代輕子，如電子和中微子的主要來源。希格斯相互作用後，W 和 Z 玻色子獲得質量產生電子和中微子。我們知道大量的費米子沒有表現出手徵對稱性。這是因為質量因子在 langragian $m\Psi\underline{\Psi}$打破了手徵對稱性。而我們可用 NXN 卡必波-小林-益川矩陣的原理來決定夸克和輕子的後代。其決定因子是（N-1）*（N-2）/2。如果 N=1，沒有夸克混合角和 CP 破壞。如果 N=2，有一個夸克混合角，並沒有 CP 破壞。如果 N=3，有 3 混合角和一個 CP 破壞。正如我們上面的討論，弱光和強光交互作用，引起自發對稱性與 CP 破壞後規範玻色子獲得質量。這可以幫助解決強 CP 問題。因此，必須有一個 3x3 的 CKM 矩陣的夸克和輕子。夸克和輕子有三代，但到底有無 CP 破壞尚待研究。

最後，我想討論電荷，超荷，和同位旋的關係。通過應用上述希格斯機制，我們可以很容易地解釋這種關係的現象。我們用左手夸克和輕子的例子。在強烈的相互作用，我們有蓋爾曼公式：

$Q = T_3+1/2Y$（Q：電荷，T：同位旋，Y：超荷）

首先，我們來看看希格斯-膠子的相互作用。從上面，我們可以看到一個三分量希格斯（0,0,V）與膠子的相互作用，讓膠子得到質量。我們知道中子同位旋 I_z 和電荷是 -1 / 2 和 0，且質子同位旋 I_z 和電荷是 1 / 2 和 1。從蓋爾曼方程，我們可以得到兩個質子和中子具有超荷 Y = 1。此外，我們可以得到超荷 Y = -1 為反質子或反中子。強力 isospin g=1(膠子) & hypercharge g'=1 可帶入電強作用得膠子質量。

然後我們看看上夸克和下夸克，這使得中子和質子中上夸克同位旋 Iz 和電荷是 1 / 2 和 2 / 3。下夸克同位旋 I_z 和電荷是-1 / 2 和-1 / 3。然後，我們可以得到兩個上夸克和下夸克具有超荷 Y = 1 / 3。因此，必須有三個夸克這使得一個質子或中子 1（Y：1 / 3 * 3 = 1）。這也可以解釋奇夸克，粲夸克，頂夸克和底夸克。因此，我們知道強相互作用是 SU（3）。

然後，我們來看看希格斯弱電相互作用。在這裡，我們將使用弱相互作用弱超荷公式：

$Q = I_3 + Y_w$（I_3：弱同位旋，Yw：弱超荷）

我們知道玻色子會衰變為兩個部分：電子和反中微子。

$W^- > E^- +$ anti-ν。我們知道，電子同位旋 Iz 和電荷為 -1 / 2 和-1，反中微子同位旋 Iz 和電荷是 -1 / 2 和 0，因此，我們可以得到電子的弱超荷為-1 / 2 與中微子超荷是 1 / 2。我們也可以看到這種關係在 Z 玻色子衰變。Ž 玻色子會衰變成中微子和反中微子對。中微子同位旋 Iz 和電荷是 1 / 2 & 0 反中微子同位旋 Iz 和電荷是 -1 / 2 和 0，因此，從上述弱超荷式，就可以得到中微子的超荷是 -1 / 2 和反中微子超荷是 1 / 2。 Z 玻色子衰變也為兩個部分（Yw = 0 = 1 / 2 - 1 / 2）。因此，我們知道弱電是 SU（2）。弱力 isospin g=1(W/Z 玻色子) & hypercharge g'=1/2 可帶入電弱作用得 W/Z 子質量。

再來看 U(1)的電磁交互作用：

$Q = T_3+1 / 4Ye$

（Q：電荷，T：同位旋，Ye：電磁超荷）

決定電磁超荷需引入 X charge：

X=5(B-L)-2Ye

(B-L 是重子減輕子數)

假設不區分左右旋費米子交互作用手徵性，上夸克 X charge 為-1，下夸克 X charge 為+3，電子 X charge 為-1。帶入上式則質子 X charge 為+1，Ye 為+2。電子 Ye 為-2。電子同位旋 T3 為 -1 / 2，質子同位旋 T3 是 1 / 2，帶入上式則質子 Q=+1 而電子 Q=-1 而此公式成立。這也可解釋在 U(1)對稱破缺時為何有 1/4 的因子。

我們來看一下夸克在此強作用模型的角色：

$$T_3 = F_3 = \frac{1}{2}\begin{bmatrix} 1 & 0 & 0 \\ 0 & -1 & 0 \\ 0 & 0 & 0 \end{bmatrix}$$

$$Y = \frac{2}{\sqrt{3}}F_8 = \frac{1}{\sqrt{3}}\lambda_8 = \frac{1}{3}\begin{bmatrix} 1 & 0 & 0 \\ 0 & 1 & 0 \\ 0 & 0 & -2 \end{bmatrix}$$

$$Q = T_3 + \frac{1}{2}Y = \begin{bmatrix} ^2/_3 & 0 & 0 \\ 0 & -^1/_3 & 0 \\ 0 & 0 & -^1/_3 \end{bmatrix}$$

我們知道中子的組成(u,d,d)，因此上面 3x3 夸克矩陣加上之前 3x3 膠子矩陣構成了中子。而 R =（1,0,0），B =（0,1,0），和 G =（0,0,1）。此說明此中子中三個夸克必帶不同顏色。若設反 R =（-1,0,0），反 B =（0,-1,0），和反 G =（0,0,-1）。反中子則帶三種反色。

而我們在之前的運算中得到：

$$\mathrm{A} = \frac{1}{\sqrt{2}}(\mathrm{r\bar{r}} + \mathrm{b\bar{b}})$$

此相當於：

$$T_3 = F_3 = \frac{1}{2}\begin{bmatrix} 1 & 0 & 0 \\ 0 & 1 & 0 \\ 0 & 0 & 0 \end{bmatrix}$$

類似於上面的計算：

$$Y=\frac{2}{\sqrt{3}}F_8=\frac{1}{\sqrt{3}}\lambda_8=\frac{1}{3}\begin{bmatrix}1&0&0\\0&1&0\\0&0&-2\end{bmatrix}$$

$$Q=T_3+\frac{1}{2}Y=\begin{bmatrix}2/3&0&0\\0&2/3&0\\0&0&-1/3\end{bmatrix}$$

我們可以得到質子的組成(u,u,d)。因此上面 3x3 夸克矩陣加上之前 3x3 膠子矩陣構成了質子。而 R =（1,0,0），B =（0,1,0），和 G =（0,0,1）。此說明此質子中三個夸克必帶不同顏色。若設反 R =（-1,0,0），反 B =（0,-1,0），和反 G =（0,0,-1）。則可解釋反質子所帶色荷。

我們可同理應用至 Pi 介子：當

$$T_3=F_3=\frac{1}{2}\begin{bmatrix}1&0\\0&1\end{bmatrix}$$

$$Y=\frac{1}{3}\begin{bmatrix}1&0\\0&1\end{bmatrix}$$

色荷 C>=(1,0) 反色荷 $\underline{C}$>=(0,-1)

在 Pi0 介子(U$\underline{U}$)：

$$Q=T_3+\frac{1}{2}Y=\begin{bmatrix}2/3&0\\0&-2/3\end{bmatrix}$$

在 Pi+介子(U$\underline{D}$)：

$$T_3 = F_3 = \frac{1}{2}\begin{bmatrix} 1 & 0 \\ 0 & -1 \end{bmatrix}$$

$$Y = \frac{1}{3}\begin{bmatrix} 1 & 0 \\ 0 & 1 \end{bmatrix}$$

$$Q = T_3 + \frac{1}{2}Y = \begin{bmatrix} {}^{2}/_{3} & 0 \\ 0 & {}^{1}/_{3} \end{bmatrix}$$

在 Pi-介子(UD)：色荷 C>=(0,1) 反色荷 C>=(-1,0)

$$T_3 = F_3 = \frac{1}{2}\begin{bmatrix} 1 & 0 \\ 0 & -1 \end{bmatrix}$$

$$Y = \frac{1}{3}\begin{bmatrix} 1 & 0 \\ 0 & 1 \end{bmatrix}$$

$$Q = T_3 + \frac{1}{2}Y = \begin{bmatrix} -{}^{2}/_{3} & 0 \\ 0 & -{}^{1}/_{3} \end{bmatrix}$$

如此也可見中性膠子與上下夸克在 Pi 介子中耦合。

另外在前面章節的討論關於 Pi 介子其 T3 矩陣：

$$\mathrm{T_z} = \begin{bmatrix} 1 & 0 & 0 \\ 0 & 0 & 0 \\ 0 & 0 & -1 \end{bmatrix}$$

另外，我想討論夸克和輕子如何獲得質量，若有矩陣(由上型夸克 up-type quark 與下型夸克 down-type quark 構成)如：

$$\begin{bmatrix} u\bar{u} & u\bar{d} \\ \bar{u}d & d\bar{d} \end{bmatrix}$$

而電弱作用的包立矩陣：

$$\sigma_x = \begin{bmatrix} 0 & 1 \\ 1 & 0 \end{bmatrix}$$

$$\sigma_y = \begin{bmatrix} 0 & -i \\ i & 0 \end{bmatrix}$$

$$\sigma_z = \begin{bmatrix} 1 & 0 \\ 0 & -1 \end{bmatrix}$$

所以 W 或 Z 玻色子可構成矩陣：

$$\begin{bmatrix} Z & W_+ \\ W_- & Z \end{bmatrix}$$

另外，我們知道 Pi 介子矩陣：

$$\mathrm{T_x} = \frac{1}{\sqrt{2}}\begin{bmatrix} 0 & 1 & 0 \\ 1 & 0 & 1 \\ 0 & 1 & 0 \end{bmatrix}$$

$$\mathrm{T_y} = \frac{1}{\sqrt{2}}\begin{bmatrix} 0 & -\mathrm{i} & 0 \\ \mathrm{i} & 0 & -\mathrm{i} \\ 0 & \mathrm{i} & 0 \end{bmatrix}$$

看左上角四個數字，由上可知 W+玻色子洽對應於 Pi+介子也對應到$u\bar{d}$。W-玻色子洽對應於 Pi-介子也對應到$\bar{u}d$。而

Z 玻色子則對應到$u\bar{u}$和$d\bar{d}$。而：

$$T_z = \begin{bmatrix} 1 & 0 & 0 \\ 0 & 0 & 0 \\ 0 & 0 & -1 \end{bmatrix}$$

Z 玻色子沒有完全對應到 Pi0 介子，除非完整 Pi0 介子 Tz 才可看出：

$$\pi_0 = \frac{u\bar{u} - d\bar{d}}{\sqrt{2}}$$

故 Pi0 介子衰變不經過 Z 玻色子，而 Pi+或 Pi-介子衰變則經過 W 玻色子。也就是：

$$\begin{bmatrix} \pi_0 & \pi_+ \\ \pi_- & 0 \end{bmatrix}$$

而輕子也可寫成矩陣(由電子類e和微中子類υ構成)：

$$\begin{bmatrix} \upsilon\bar{\upsilon} & \upsilon\bar{e} \\ e\bar{\upsilon} & e\bar{e} \end{bmatrix}$$

σ_x對應 Tx、σ_y對應 Ty、σ_z對應 Tz。由上可知 W+玻色子洽對應到$\upsilon\bar{e}$。W-玻色子洽對應於$e\bar{\upsilon}$。而 Z 玻色子則對應$e\bar{e}$和$\upsilon\bar{\upsilon}$。由上可知 W + 玻色子會相應的衰變成$u\bar{d}$或$\upsilon\bar{e}$， W- 玻色子會相應衰變成$\bar{u}d$或$e\bar{\upsilon}$。而 Z 玻色子則對應而衰變成$u\bar{u}$和$d\bar{d}$或是 $e\bar{e}$和$\upsilon\bar{\upsilon}$。

因此當質子放出 Pi+介子(含中性膠子)，它可湮滅成為有質量的 W+玻色子，而 W+玻色子再衰變成$u\bar{d}$的夸克反夸克對，這就是夸克質量的來源。W+玻色子也可衰變成正電子和微中子，因為此二者為有質量 W+玻色子衰變而來，因此也可解釋輕子質量的來源。當中子放出 Pi-介子(含中性膠子)，它可湮滅成為有質量的 W-玻色子，而 W-玻色子再衰變成$\bar{u}d$的夸克反夸克對，這就是夸克質量的來源。W-玻色子也可衰變成電子和反微中子，因為此二者為有質量 W-玻色子衰變而來，因此同理也可解釋輕子質量的來源。而 Z 玻色子則對應到$u\bar{u}$或$d\bar{d}$，故Z 玻色子衰變成夸克反夸克對，有質量的 Z 玻色子也是夸克質量的來源。Z 玻色子沒有完全對應到 Pi0 介子，故質子或中子不會藉放出 Pi0 介子做衰變因此沒有質子自發衰變，而在原子核中質子和中子間持續藉由 Pi0 介子媒介的力維持原子核恆定，Pi0 介子也不會經 Z 玻色子衰變。比質子質量大的中子做衰變時必須放出 Pi-/W-粒子。由以上可知β衰變時：

$$d = u + e$$

這裡並沒有寫反微中子，反微中子質量小，因為反微中子是反物質會衰變成能量而敝人不認為微中子是馬約拉納粒子，因為反物質帶有負質量與正粒子相反，而微中子是電中性基本粒子應不帶有磁矩否則除了弱作用也會參與電磁作用。質子也可放出 Pi+/W+粒子而轉變成中子，但此時需吸能而非自發性。然後敝人要用矩陣運算來解釋 QCD 的現象，我們若有膠子矩陣：

$$\begin{bmatrix} r\bar{r} & r\bar{b} & r\bar{g} \\ b\bar{r} & b\bar{b} & b\bar{g} \\ g\bar{r} & g\bar{b} & g\bar{g} \end{bmatrix}$$

而設紅夸克 R(1,0,0) 藍夸克 B(0,1,0) 綠夸克(0,0,1)

當一紅夸克放出紅反紅膠子：

$$\begin{bmatrix} 1 & 0 & 0 \end{bmatrix} \times \begin{bmatrix} 1 & 0 & 0 \\ 0 & 0 & 0 \\ 0 & 0 & 0 \end{bmatrix} = \begin{bmatrix} 1 & 0 & 0 \end{bmatrix} = R$$

當相鄰質子或中子紅夸克接收一個紅反紅膠子：

$$\begin{bmatrix} 1 & 0 & 0 \\ 0 & 0 & 0 \\ 0 & 0 & 0 \end{bmatrix} \times \begin{bmatrix} 1 \\ 0 \\ 0 \end{bmatrix} = \begin{bmatrix} 1 \\ 0 \\ 0 \end{bmatrix} = R$$

可以看出放出或接收紅反紅膠子的兩個紅夸克顏色不變，而此時若我們改用藍夸克 B(0,1,0) 或綠夸克(0,0,1)只能得到零矩陣，證明藍夸克或綠夸克與紅反紅膠子無放出與吸收之交互作用。所以只能作用在相鄰質子或中子紅夸克。

同理當一個綠夸克放出綠反藍膠子則變藍色：

$$\begin{bmatrix} 0 & 0 & 1 \end{bmatrix} \times \begin{bmatrix} 0 & 0 & 0 \\ 0 & 0 & 0 \\ 0 & 1 & 0 \end{bmatrix} = \begin{bmatrix} 0 & 1 & 0 \end{bmatrix} = B$$

當一個藍夸克接收綠反藍膠子則變綠色：

$$\begin{bmatrix} 0 & 0 & 0 \\ 0 & 0 & 0 \\ 0 & 1 & 0 \end{bmatrix} \times \begin{bmatrix} 0 \\ 1 \\ 0 \end{bmatrix} = \begin{bmatrix} 0 \\ 0 \\ 1 \end{bmatrix} = G$$

若改用紅夸克(1,0,0)與綠反藍膠子做運算只能得到零矩陣，說明他們之間無交互作用。以上這就解釋了有色膠子在核子中夸克交換的變色並總體維持色中性，這是 QCD 的基本精神。當膠子或夸克為零矩陣相乘必為零，故膠子夸克必耦合。同樣可推導至反中子及反質子，此時反膠子矩陣為：

$$\begin{bmatrix} r\bar{r} & b\bar{r} & g\bar{r} \\ r\bar{b} & b\bar{b} & g\bar{b} \\ r\bar{g} & b\bar{g} & g\bar{g} \end{bmatrix}$$

而設反紅夸克-R(-1,0,0) 反藍夸克-B(0,-1,0) 反綠夸克

-G(0,0,-1)

當一反紅夸克放出紅反紅膠子：

$$\begin{bmatrix} -1 & 0 & 0 \end{bmatrix} \times \begin{bmatrix} 1 & 0 & 0 \\ 0 & 0 & 0 \\ 0 & 0 & 0 \end{bmatrix} = \begin{bmatrix} -1 & 0 & 0 \end{bmatrix} = -R$$

當相鄰反質子或反中子反紅夸克接收一個紅反紅膠子：

$$\begin{bmatrix} 1 & 0 & 0 \\ 0 & 0 & 0 \\ 0 & 0 & 0 \end{bmatrix} \times \begin{bmatrix} -1 \\ 0 \\ 0 \end{bmatrix} = \begin{bmatrix} -1 \\ 0 \\ 0 \end{bmatrix} = -R$$

同理當一個反綠夸克放出藍反綠膠子則變反藍色：

$$\begin{bmatrix} 0 & 0 & -1 \end{bmatrix} \times \begin{bmatrix} 0 & 0 & 0 \\ 0 & 0 & 0 \\ 0 & 1 & 0 \end{bmatrix} = \begin{bmatrix} 0 & -1 & 0 \end{bmatrix} = -B$$

當一個反藍夸克接收藍反綠膠子則變反綠色：

$$\begin{bmatrix} 0 & 0 & 0 \\ 0 & 0 & 0 \\ 0 & 1 & 0 \end{bmatrix} \times \begin{bmatrix} 0 \\ -1 \\ 0 \end{bmatrix} = \begin{bmatrix} 0 \\ 0 \\ -1 \end{bmatrix} = -G$$

我想談一談天然輻射的基本現象衰減。我們知道基本的輻射衰變包括 α 衰變，β 衰變和 γ 衰變。在這裡，我建議 α 衰變是釋放阿爾發粒子。β 衰變是釋放 W 粒子。並且，γ 衰變是釋放光子。而且，我們都知道，β 衰變是關係到 W^+ 的發射或吸收或 W^- 玻色子的釋放或吸收 W 玻色子衰變成電子和反中微子是比較常見的。而且，核中子將成為質子。因此，我說 β 衰變是釋放 W（SU（2））粒子。伽瑪衰變，γ 射線可以從激發原子核釋放。然而，電荷-質量不受影響。而伽馬衰減是光子（U（1））從原子核釋放。因此，這將有助於解釋這三個基本的核衰變的特點。

在此也要補充標準模型的楊密場論

$$\mathrm{Fuv} = \partial_u A_v - \partial_v A_u - [A_u, A_v]$$

而撓率張量為

$$\mathrm{T}(X,Y) = D_x Y - D_y X - [X,Y]$$

$[X,Y]$ 是李括號.

$$[X,Y](f) = X\big(Y(f)\big) - Y\big(X(f)\big)$$

$$[X,Y] = \mathrm{XY} - \mathrm{YX}$$

值得注意的是描述強弱作用的楊密場論有不可交換項的李括號(Lie braket)，這表示強弱力是 non-holonomic 的非保守力，與重力或電磁力為 holonomic 的保守力不同，雖然仍為場力。說明為何強弱力需路徑積分。敝人認為含有 Dirac spinor(無幾何意義)的公式是錯的，需重新檢討含有 Dirac spinor 的 QM, QCD, QED，但基於楊密場論的公式如 gluon field strength tensor 是正確的。拉格朗日由 Klein-Gordon equation即可導出。由於楊密場論描寫強力及弱力交互作用，可知楊密場論和電磁場張量一樣也是撓率張量（只是電磁場張量無李括號），因此可用幾何的方法一統電磁和強弱力。而重力場為曲率張量，大統一場論即是用幾何方法再統一曲率和撓率。可知強弱力也是有吸引力和排斥力。在強力中，同色相斥而異色相吸。三種顏色互相對應空間座標的三個軸XYZ。正值代表正時間而負值代表負時間。如+X 軸是紅而-X 軸是反紅，+Y 軸是藍而-Y 軸是反藍，+Z 軸是綠而-Z 軸是反綠。紅反藍膠子就是從+X 軸轉到-Y 軸，根據撓率張量他們彼此相吸。因為空間只有三維，因此沒有 SU(4)也沒有第四代粒子。夸克禁閉的原因是因為每個膠子均帶有兩色，如同有磁矩的磁鐵都有南北極無法有磁單極，同理我們無法分離出單色的夸克或膠子造成夸克禁閉。而反色代表負時間不易存在，故即使中性膠子也不能分離出來。

補充一下弱力中的貝他衰變，為何自由中子會衰變但與質子結合的原子核內中子不易衰變？由於中子質量較大會放出 Pi^- 介子變成質子而接著形成 W^- 玻色子最後衰變成電子和反微中子，而由於質子是最小可能的夸克單位電荷及膠子組成，因此不會衰變或半衰期極長極穩定。再談談 QCD 的重要概念，在質子或中子的組成矩陣總共有八加一個膠子，也就是六個有色膠子和三個中性膠子，其中一個中性膠子和π介子密切相關。質子或中子內有三種不同顏色紅藍綠夸克，可互相交換有色膠子 R$\underline{B}$，B$\underline{R}$，$\underline{B}$G，$\underline{G}$B，$\underline{G}$R，$\underline{R}$G 改變顏色來維繫質子內或中子內強作用力。但是質子或中子內部的夸克，比如說一個紅夸克它能放出一個 R$\underline{R}$ 中性膠子，但質子或中子內其他兩夸克是藍色和綠色無法接受此 R$\underline{R}$ 膠子，因此此 R$\underline{R}$ 膠子必須與相鄰質子或中子的紅夸克做媒介力的交換來做核子間結合，這解釋為何核力由π介子媒介為 residual strong force。所以為何當質子與中子相連，中子就不會放出π介子(內含一中性膠子)而衰變。中性膠子透過π介子更多媒介了核子間作用力。核子中π介子本身可藉由交換紅反綠膠子而由紅反紅變成綠反綠等三種中性色(含中性膠子)不斷變色。中性膠子因色荷禁閉(沒有膠波)是透過中性π介子媒介核力。

最後筆者想談談楊密場論的存在性問題。楊密場論是否為一量子場論？目前仍沒有人證得，但是敝人嚴密推導後發現量子力學和量子電動力學均非正確，而無質量楊密場論經希格斯場使媒介子得到質量，這些媒介力 spin-1 有質量玻色子(膠子、π介子)則可由湯川交互作用描述，這也是 Klein-Gordon equation 的 spin-1 解，這後者即為量子場論的範疇。

可知愛因斯坦場方程為曲率張量而楊密場論為一撓率張量有事實存在性，但是否要用量子力學概念證明楊密場論為量子場論有待商榷。用量子電動力學或狄拉克場描述所謂質子場或電子場應是錯的。所謂正電子場並非場激發態因為其具負能量，可是反物質往負時間軸前進，因此往正時間走的物質不會都變成反物質，解決了當初狄拉克的疑惑。

參考文獻

Khamehchi MA et al. Negative mass hydrodynamic in spin-orbit coupled Bose-Einstein condensate. Phy Rev Let 2017 118, 155301

三、納米爾史托克和歐拉方程（Navier-Stokes and Euler equation）

紊流仍然是現代物理學的一個謎。到現在為止，沒有人能成功地解釋紊流的詳細機制。流體力學是由 Navier-Stokes 方程和 Euler 方程引導。在這裡，我將提出一個機制來解釋動盪及其 Navier-Stokes 方程和 Euler 方程之間關係。我建議紊流是由歐拉方程產生的，它可以通過 Navier-Stokes 方程可以預防：

Navier-Stokes 方程為

$$\rho\left(\frac{\partial \mathrm{v}}{\partial \mathrm{t}}+\mathrm{v}\cdot\nabla\mathrm{v}\right)=-\nabla\mathrm{p}+\nabla\cdot\mathrm{T}+\mathrm{f}$$

P 為壓力，T 為黏滯力，f 是體力，尤其是重力。如果 f 是指重力，它可以由 ρg 來表示。

$$\rho\left(\frac{\partial v}{\partial t}+v\cdot\nabla v\right)=-\nabla p+\nabla\cdot T+\rho g$$

該 div T 可表示為 μ 黏滯項（μ 是粘度）。根據施陶丁格定律，我建議帶電流體粘度實際上與磁有關。從愛因斯坦的電遷移率關係，我們可以發現磁和帶電流體粘度之間的關係

$$D = \frac{KT}{6\pi\mu r} = \frac{\varphi KT}{q}$$

$$\text{mobility } \varphi = \frac{q}{mf}$$

$$\text{viscosity } \mu = \frac{mf}{6\pi r}$$

由於流體為質量流，則粘滯力可類比電流的電阻：

$$J = \sigma g$$

$$g = \rho J$$

$$\sigma = \frac{1}{\rho}$$

(J 為質量流密度，g 為重力場，σ為質量流傳導係數，ρ為 gravity resistivity)

若存在質量流歐姆定律(R 為質量阻)：

$$g = \frac{V}{l}$$

$$J = \frac{I}{A}$$

則：

$$\rho = \frac{VA}{Il} = R\frac{A}{l}$$

(V 為重力位勢，I 為質量流，A 為截面積，l 為長度)

又知粘滯力公式及類似阻尼公式：

$$F = \mu A \frac{u}{l}$$

$$F = -cu$$

則：

$$c = \mu \frac{A}{l}$$

對比上式，可得粘滯度μ相當於質量阻 R。而已知電阻有並聯和串聯等公式，也可能適用於質量阻(粘滯度)：

並聯：

$$\frac{1}{\mu} = \frac{1}{\mu 1} + \frac{1}{\mu 2}$$

串聯：

$$\mu = \mu 1 + \mu 2$$

若相似於電功率：

$$P = I^2 R = VR$$

可將質量阻 R 換成黏滯度 u 可得質量功率。

如果我們考慮流體力學的雷諾數（Re）則納維-斯托克斯

方程變為

$$\rho\left(\frac{\partial v}{\partial t}+v\cdot\nabla v\right)=-\nabla p+\frac{1}{Re}\nabla^2 v+\rho g$$

另一種表示方法為(黏滯度μ)：

$$\rho\left(\frac{\partial v}{\partial t}+v\cdot\nabla v\right)=-\nabla p+\mu\nabla^2 v+\rho g$$

而白努力定律：

$$\frac{1}{2}\rho v^2+\rho gh=-P$$

帶入上式，其中ρg項就是靜水壓ρgh而$\frac{1}{2}\rho v^2$項是動壓：

$$\nabla\times v=2\omega$$

$$v\cdot\nabla v=\nabla\left(\frac{1}{2}v\cdot v\right)-v\times\nabla\times v$$

不可壓縮流時：

$$\nabla\cdot v=0$$

又：

$$\rho\frac{\partial v}{\partial t}=\rho g$$

消去兩邊：

$$-v \times (\nabla x v) = \lambda \nabla^2 v = \frac{\mu}{\rho} \nabla^2 v$$

$$\mu \nabla^2 v + \rho v \times (\nabla x v) = \mu \nabla^2 v - \rho 2\omega \times v = 0$$

帕松方程：

$$\nabla^2 v = \frac{\rho}{\mu} * 2\omega \times v = \frac{\rho}{\mu} * 2\omega^2 \times r$$

而在非旋流（irrotational flow）時：

$$\nabla x v = 0$$

$$\mu \nabla^2 v = 0$$

可得到拉普拉斯方程而得黏滯力下 Navier-Stokes 方程的非旋流解。這之前就有研究者推出：

$$v = \nabla \varphi$$

$$\nabla^2 \varphi = 0$$

$$\nabla(\nabla^2 \varphi) = \nabla^2 (\nabla \varphi) = \nabla^2 v = 0$$

當旋流時，解上面的帕松方程則可得速度場及相應的壓力場，這就是有黏滯力下 Navier-Stokes 方程的旋流解（rotational flow）。利用 Delta & Green functions：

$$v = \frac{m\omega^2}{2\pi\mu}$$

由速度解也可推出壓力解。

我們也可以將方程式取散度：

$$\mu * \nabla \cdot (\nabla^2 v) = \mu * \nabla^2 (\nabla \cdot v) = 0$$

則上面方程式變成：

$$-\Delta p = \rho \nabla \cdot (v \cdot \nabla v) = 0$$

$\frac{1}{2}\rho v^2$項是動壓帶入而且：

$$v \cdot \nabla v = \nabla \left(\frac{1}{2} v \cdot v\right) - v \times \nabla \times v$$

最後得到：

$$-\rho * \nabla \cdot (v \times \nabla \times v) = \nabla \cdot (\rho * 2\omega \times v) = 0$$

上式即在科氏力項散度為零時可解出方程式的速度以及壓力，這就可以得到不可壓縮流的 Navier-Stokes 方程解。旋流解是比如科氏力項化為純旋度時。

在可壓縮流（compressible flow）情況納氏方程為：

$$\rho \left(\frac{\partial v}{\partial t} + v \cdot \nabla v\right) = -\nabla p + \mu \nabla^2 v + \frac{1}{3} \mu \nabla (\nabla \cdot v) + \rho g$$

此時需考慮：

$$\nabla \cdot v \neq 0$$

考慮公式帶入：

$$\nabla(\nabla \cdot v) = \nabla^2 v + \nabla \times (\nabla \times v)$$

若為無旋流時：

$$\nabla x v = 0$$

可得：

$$\frac{4}{3}\mu\nabla^2 v = 0$$

我們得可壓縮流的非旋流可得拉普拉斯方程解，但是變密度的可壓縮流是否仍套用動壓公式$\frac{1}{2}\rho v^2$尚有疑慮。且值得注意的是可壓縮流如氣體的流體力學方程式較適合採用歐拉方程式來解，因為其黏滯度小而雷諾數高，在空氣中不管小如蝴蝶或大如飛機其雷諾數都大於四千故應用歐拉方程來解較恰當，由於如下所述歐拉方程易產生渦旋等紊流，這是蝴蝶或鳥類展翅產生空氣旋轉渦旋來使其飛翔的原理。

另外，如果我們完全忽略剪力（粘性），方程變成類似歐拉方程：

$$\rho\left(\frac{\partial v}{\partial t} + v \cdot \nabla v\right) = -\nabla p + \rho g$$

高雷諾數可誘發紊流的發生。這就是粘性項可以防止紊流的發生。從 Navier-Stokes 方程變成似歐拉方程引起湍流現象。由於 mobility=v/E 與磁場相反則磁與黏滯度相關，慣性力(重力)大則 Re 大易生紊流，黏滯力大則 Re 小不易生紊流，是否與重力場可能造成奇點有關?流體粘滯度如同電學中電阻的概念。而磁流變流體和磁與 shear stress 的關係說明磁與帶電流體黏滯度相關。

湍流有幾個特點。首先，湍流通常是一個快速旋轉流與自發形成旋渦。如何產生一個旋渦，我們可以採取兩種左側和右側的歐拉方程的旋度：

$$\nabla \times \rho\left(\frac{\partial v}{\partial t} + v \cdot \nabla v\right) = -\nabla \times \nabla p + \rho \nabla \times g$$

基於微積分的規則，我們必須

$$-\nabla \times \nabla p = 0$$

$$\nabla \times g = 0$$

而且，

$\omega = 2w$

$\mathbf{w} = \nabla \times \mathbf{v}$

我們也有以下的規則：

$$\mathrm{v}\cdot\nabla\mathrm{v}=\nabla\left(\frac{1}{2}\mathrm{v}\cdot\mathrm{v}\right)-\mathrm{v}\times\mathrm{w}$$

$$\nabla\times\nabla\varphi=0$$

$$\nabla\times(\mathrm{v}\times\mathrm{w})=-\mathrm{w}(\nabla\cdot\mathrm{v})+(\mathrm{w}\cdot\nabla)\mathrm{v}-(\mathrm{v}\cdot\nabla)\mathrm{w}+\mathrm{v}(\nabla\cdot\mathrm{w})$$

$$\nabla\cdot(\nabla\times\mathrm{v})=0$$

另外，在流體不可壓縮，還有

$$\nabla\cdot\mathrm{v}=0$$

我們得到：

$$\frac{\partial}{\partial t}\mathrm{w}+(\mathrm{v}\cdot\nabla)\mathrm{w}=(\mathrm{w}\cdot\nabla)\mathrm{v}$$

而且，我們讓：

$$\frac{\mathrm{D}}{\mathrm{Dt}}\mathrm{w}=\frac{\partial}{\partial t}\mathrm{w}+(\mathrm{v}\cdot\nabla)\mathrm{w}$$

最後，我們得到：

$$\frac{\mathrm{D}}{\mathrm{Dt}}\mathrm{w}=(\mathrm{w}\cdot\nabla)\mathrm{v}$$

這是渦旋方程。因此，此似歐拉方程可以自發地誘導渦旋方程與渦流的產生。但是，如果我們考慮的納維-斯托克方程的粘性項，散度 T 的旋度不會在等式右邊的變成零。因此，Navier-Stokes 方程的存在可以防止渦旋方程的發生。

紊流的第二個特點是擴散性。即湍流中的流體的增加均化（混合）。這可以通過渦旋方程形成一個奇點的旋渦來解釋：我們可以看到有一個奇異積分操作子作用於渦度。這是說渦流奇點的形成。當流體由於此奇點被移動到漩渦的中心，可以解釋可以解釋湍流擴散性。如果我們考慮的 Navier-Stokes 方程的粘性項，它可以防止渦旋方程的產生，以及奇點的形成。由於帶電流體黏滯力與磁力相關，由冷次定律知道磁場的感應電流會與原電流方向相反，而重力場可形成奇點而靜電場可形成渦漩，磁場感應電流的產生正可以抵消原流體靜電場的渦漩紊流。

紊流的第三個重要特徵是不規則。這可以通過衝擊波產生的歐拉方程來解釋。基於歐拉方程，我們可以得到所謂的蘭金-雨貢紐（Rankine-Hugonoit）的衝擊（跳躍）條件：

$$[\rho Vx] = \rho 1V1x - \rho 2V2x = 0$$

$$\left[\frac{1}{2}V_x^2 + E\right] = 0$$

$$[p + \rho V_x^2] = 0$$

由於從歐拉方程衝擊波的不連續性的特點，我們可以從歐拉方程預測的動盪是不規則的。例如，切向不穩定性可以衍生自歐拉方程：

我們讓壓力：

$$p = f(z)e^{i(kx-\omega t)}$$

我們可以得到：

$$\omega = kv\frac{\rho 1 \mp i\sqrt{\rho 1 \rho 2}}{\rho 1 + \rho 2}$$

虛數單位的存在意謂流體的不穩定性。如果我們考慮粘性項，那麼不穩定會降低。因此，我們可以從歐拉方程得到紊流的三個關鍵特性。

基於蘭金-雨貢紐的條件，我們可以解釋一些不穩定的現象。瑞利-泰勒不穩定性是由於兩種流體具有不同的密度。不同密度的流體之間的加速界面衝擊波發生 Richtmyer-Meshkov 不穩定性。當存在兩種流體之間交介面的速度差異發生開爾文-亥姆霍茲不穩定。Saffman-Taylor 不穩定性也因密度不同的兩種液體。瑞利貝納德對流是由於界面之間的熱能的差異。最後，電熱不穩定（electrothermal instability）是由於升高的熱能（溫度）。因此，湍流現象的機制更見清晰。

我們最後可討論 Navier-Stokes 方程的光滑性問題，光滑性要求要無限可微，但是我們知道空間和時間都有普郎克尺度的最小單位而非無限可微。由於 Navier-Stokes 方程是由連續性方程式導出，Navier-Stokes 方程式是連續性可微分。雖然空間最小單位是普朗克空間，但因其尺度極小而可符合所謂光滑性定義。若納維史托克方程可轉化為拉普拉斯方程，拉氏方程的解為調和函數都有無限可微的光滑性。而帕松方程也是具有無限可微的光滑性，Navier-Stokes 方程的存在性與光滑性是可得證的。如下即可證得（for any multi-index α）：

$$f \in C_0^{\infty}(Rn)$$

$$u \in C_0^{\infty}(Rn)$$

When n≥3

$$\varphi(y) = \frac{1}{n\,(n-2)\,\alpha\,(n)\,|y|^{n-2}}$$

$$u(x) = \int_{R^n} f(x-y)\,\varphi(y)dy$$

$$D^{\alpha}u(x) = \int_{R^n}[D^{\alpha}f(x-y)]\,\varphi(y)dy$$

總結

最後補充一點有關用光子糾纏做為量子力學證明的實驗，其實包利不相容定理對象是電子，自旋方向相反的成對電子是 EPR 悖論的主要對象。量子糾纏的成因是包利不相容定理，但光子並不遵守包利不相容定理，故不能用光子解釋量子糾纏。成對產生的光子其自旋方向相反且角動量守恆，且因光子直進性造成測量可有造成光子糾纏之現象。但電子不能完全類比光子，電子由 $E=mc^2$ 決定而光子由 $E=hf$ 決定，量子力學一大弊病是把電子和光子混為一談。當電子以物質波運動前進時，加上若有外在電磁場干擾，其自旋方向仍可改變，用光子糾纏做為量子力學證明，敝人認為有待商榷。

總之，這本書提供了許多有關物理和數學的重要理論。我認為這些理論是非常有趣的。很多這些理論都是從邏輯推演和以前的實驗觀察。我很歡迎來證明這些理論。此《統一場論》包含了物理和數學部分。我衷心希望這些理論可以有很大貢獻。如果讀者認為我的理論是正確的，請幫我推廣這些理論。我自己不能單靠我自己做這件事情。這確實是緊急和重要的！筆者衷心希望這些新的科學可以為我們的社會帶來美好未來。

附件：修訂歷史

原書（Theories of Everything by Logic）最初發表於 2011 年 1 月 22 日，它具有六個部分：物理、化學、地球科學、生物學、社會學和數學。本中譯本統一場論包含物理及數學部分。這本書的內容大部分完成於 2011 年 1 月 22 日。然後，2011 和 2012 年期間，有幾個修改分次上傳 createspace 或 kindle。

2011 年 1 月 24 日，關於做了無 gravitospinnism 和 gravitospinnism 安培定律的修改。

2011 年 8 月 30 日，做了量子力學和狹義相對論的差異和對星雲原行星盤的改動。此外，也添加希格斯粒子介導的對生。

2011 年 10 月 1 日，加入電場和磁場的數學公式等於撓率張量的公式。

2011 年 11 月 2 日，解釋 E * T，X * P 和 L * θ 的對稱性。我也嘗試推出球的自旋角動量。然而，該推導是錯誤的，之後提供了新的正確修改。

2011 年 12 月 21 日，刪除用 3V 推電子的磁矩 RQV。在文中添加楊-米爾斯方程。

2012 年 2 月 18 日，刪除了質量可能導致內稟自旋。

2012 年 3 月 1 日，扣除了光子以光速自旋並解釋為何沒有虛數時間。

2012 年 3 月 2 日，扣除不存在霍金輻射。2012 年 3 月 3 日，解釋了為什麼星系開始旋轉。

2012 年 4 月 10 日，修改的中子和質子是旋轉在原子核相同的方向，並產生相反的磁矩。

2012 年 07 月，修改了電子的磁矩和實心球的角動量。另外，加了一切數學（希格斯機制）的理論的一部分。

2012 年 07 月 30 日，提供了詳細的理論解釋螺旋星系的形成。

2012 年 08 月 16 日，解釋為什麼質量總是有輻射。

2012 年 09 月 18 日，解釋光的折射和廣義相對論之間的關係。

2012 年 09 月 24 日，補充 Navier-Stokes 方程和 Euler 方程的部分。

2012 年 10 月 05 日上，提出了修改的施陶丁格定律。

2012 年 10 月 10 日，修改了光壓的時空方程，反對超共軛理論。

2012 年 12 月 12 日，建議電荷，超荷，和同位旋之間的詳細關係。

2013 年 2 月 7 日，提出的線性拖曳力：impulsity（impelity）。

2013 年 2 月 12 日，用鳥擊和同步衛星為 impelity 提供的證據。

2013 年 5 月 14 日，添加了 momentity 公式。

2013 年 5 月 19 日，修改非線性 gravitomementity 方程。

2013 年 6 月 7 日，改名 impulsity 到 impelity 並解釋伯特蘭定理。

2013 年 9 月 10 日，用月球繞地球來解釋 impelity。

2013 年 10 月 21 日，用雙生子佯謬和光壓時空公式解釋最終宇宙的時間將接近永恆的。

2013 年 11 月 6 日，調整飛行原理，並解釋為什麼熱是一切其他能源的最終共同途徑。

2013 年 11 月 13 日，用時間反轉解釋為什麼反物質無法在宇宙中存在。

2013 年 12 月 25 日，將解釋麥克斯韋妖和生命有機體的關聯。

2014 年 1 月 25 日，改用盎魯效應推導哈勃定律和暗能量。

2014 年 2 月 2 日，解釋了宇宙輻射各向異性，質子自旋危機，介子的起源，強 CP 問題，中微子質量，聲致發光，超新星的形成問題。

2014 年 2 月 8 日，解釋了核力（介子）的特點。

2014 年 2 月 12 日，提出光是電磁波以及引力波。

2014 年 2 月 22 日，提出最小單元空間是普朗克體積時空不連續。我也從中得到光的重力場與角頻率的關係。

2014 年 3 月 2 日，提出了時間的定義是單位空間簡諧振動的倒數。我解釋了狹義相對論和光頻率可以通過影響單位空間振盪決定時間。

2014 年 3 月 2 日至 2014 年 3 月 5 日，提出了大統一場論（大統一理論）聯繫起來的電場，磁場，重力場（加速度），迴力場（線性動量/角動量），以及熱/溫度場以及光表達的一個方程即聯繫拉莫爾公式 Stefan 的法律。用湯川場加入強，弱相互作用於上述方程：希格斯介子和費米子-玻色子輻射也可以通過這個公式說明。

2014 年 3 月 20 日，用波動方程推導光即重力波。此外，電磁波方程實際上等於重力波的形式。

2014 年 4 月 1 日，提供了詳細的機制有關 GG 膠子的強光相互作用後獲得質量。

2014 年 4 月 8 日，嘗試使用單位空間安排來解釋時空曲率和撓率，我也解釋來解決黑洞信息丟失佯謬。

2014 年 4 月 11 日，提供詳細的解釋為什麼光波也是引力波。

2015 年 9 月 1 日，更正強光交互作用之計算。

2016 年 4 月 9 日，改二版更正重旋力麥克斯韋方程，重力波推導，開普勒第二定律探討，旋力物理量以及黑洞存在性與虛數時間等內容。

2017 年 3 月 14 日，修訂重力波，電荷相對論以及宇宙場方程式等項目。

2020 年 5 月 10 日，更正重旋力麥克斯韋方程，空間時間最小單位，楊密場論，相對論角度變化，4x4 時空方程式的意義，統一場方程運動下修正，宇宙開始與結束，以及更正 Navier-Stokes 方程。

2021 年 3 月 14 日，更正旋力波推導，提出反物質帶有負質量與負能量，楊密場論及納維史托克方程再探討，以及質量阻的公式和膠子與介子希格斯機制再探討。

2022年2月14日，更正基本粒子理論解釋質量與色荷的由來並重新更正強光一統作用，並更改運動狀態下的統一場方程式以及電力與重力的速度探討。

2022年8月31日，增加U(1)希格斯機制使質子和電子獲得質量並決定基本電荷，微分幾何與規範場論關係，地震與似雷射共振腔原理來增加最後急遽釋放的光波能量，廣義相對論規範場論及宇宙為 3-sphere 與高斯絕妙定理球曲率，光子反粒子可穩定存在推導，CP 對稱為何耦合，質量電荷及自旋相對論不變性成因，電子磁矩為何 g factor=2 推導，三代夸克質量比與 1/137 和 1/1836 之關係，以及更正重旋力馬克士威方程及更正重力波之簡諧運動波公式。及論證廣義相對論內含之似馬克士威方程以及理想流體是四向量有洛倫茲不變性。以及納維史托克方程解之探討。

國家圖書館出版品預行編目資料

統一場論／胡萬炯著. -增訂五版. -臺中市：白象文化事業有限公司，2022.11
面； 公分
ISBN 978-626-7189-54-2（平裝）
1.CST: 統一場論
331.42 111016386

統一場論（第五PLUS版）

作　　者　胡萬炯
校　　對　胡萬炯
發 行 人　張輝潭
出版發行　白象文化事業有限公司
412台中市大里區科技路1號8樓之2（台中軟體園區）
出版專線：（04）2496-5995　傳真：（04）2496-9901
401台中市東區和平街228巷44號（經銷部）
購書專線：（04）2220-8589　傳真：（04）2220-8505
專案主編　林榮威
出版編印　林榮威、陳逸儒、黃麗穎、水邊、陳媁婷、李婕
設計創意　張禮南、何佳諠
經紀企劃　張輝潭、徐錦淳、廖書湘
經銷推廣　李莉吟、莊博亞、劉育姍、林政泓
行銷宣傳　黃姿虹、沈若瑜
營運管理　林金郎、曾千熏
印　　刷　普羅文化股份有限公司
增訂五版一刷　2022年11月
定　　價　200元